U0036961

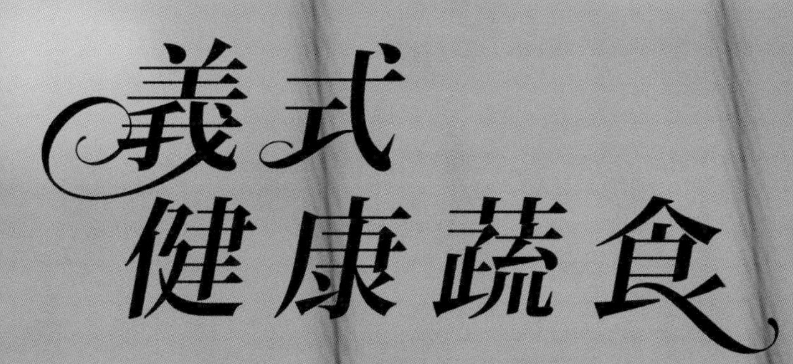

柯俊年 林志豪／著　周禎和／攝影

柯俊年自序

義式蔬食美味實驗

義大利人與中國人的飲食習慣相似，皆以米、麵為主食，習慣中式料理的人，非常容易接受義式料理的口味。義大利是西餐的發源地，所以義大利料理被稱為「西餐之母」，素食者想要試做西餐，變化餐桌菜色，可由義大利料理入手。

我認為素食可以做得很國際化，盡情享受創作料理的樂趣，不必要過於自我設限。但是，無蛋、奶的純素義式料理要做得美味，仍需要熟練烹調技巧，以下和大家分享一些基本要領：

一、活用油脂：
素食烹調的香味來源不多，可以活用油脂特點，讓食物更美味。烹調時將兩、三種油混合使用，可以增加料理風味的層次變化。例如炒菜時將橄欖油、芝麻油、花生油混合使用，香氣會更加迷人。或是油炸時，使用不同油品的混合油，口感會更佳。運用食材本身特質改變料理風味，是最正確也最聰明的做法。

二、豐富調味：
基本調味料，如鹽、糖、醋……等，雖然都是基本材料，但是種類與來源很豐富，可以多加試用。例如提供鹹味來源的鹽，就有海鹽、湖鹽、岩鹽……等不同種類，細細品嘗，會發現風味皆不同。例如紅色的鹽不適合與紅色食材搭配，所以紅色的玫瑰鹽不適合使用於紅鳳菜，因為兩者都是紅色含鐵食材，反而會減色，玫瑰鹽如果加入綠色蔬菜做沙拉，則會讓生菜變得更甘甜。或者像是強化義大利風味所少不了的義大利水果醋，可以將水果醋加入新鮮香草浸泡，做成香草醋。甚至連橄欖油，也可以加入香草，做成香草油。

三、火候足夠：

火候足夠，香氣與味道自然就足夠。在做快炒菜時，要掌握好火候，才能炒出最濃厚的菜香，並保持青菜的翠綠。有些人在做燉飯時，因為不敢開大火，所以燉飯的香氣與風味都不夠味。火候大小，是做菜的美味關鍵要素，我建議做菜時可以大膽一些，不要怕失敗，一定要練習掌握火候。

四、食材當令：

最美味的食物，莫過於當令的食材。當季當令的食材由於容易取得，新鮮度必定不在話下。我們做的雖然是義大利料理，但是使用臺灣盛產的食材，一定比進口的義大利當地食材新鮮。例如甜羅勒雖然風味絕佳，但是臺灣不易找到新鮮的甜羅勒，所以做青醬時，改用臺灣的九層塔，除了方便實用，味道也新鮮。此外，很多罐裝的義式醬料，通常都含有五辛成分，很難避免洋蔥與大蒜，不如使用當令的食材自製新鮮醬料，可以吃得安心自在。

做素食料理要虛心接受新的飲食文化刺激，才能多方交流、快速成長，做出適合現代需求的素菜。我期望新一代的素食料理人，能夠透徹了解食材的變化性，才能加以掌握並運用。不要局限在同樣模式，如葷菜素做，或將日本料理冠上「禪」字就以為很有禪風，這些都只是表面工夫，無法傳達出素食的惜福愛物與環保護生的精神。做料理只要多實驗、多練習，美味就會從中乍現。即使是失敗的實驗，錯誤的美味，也可能成為傳世的經典菜！

柯俊年

林志豪自序

發現素食新風貌

從事西式料理很長的時間，能有機會以天然純素的健康方式介紹義大利套餐，讓我感到非常開心。希望藉由這次的好緣分，可以讓自己的所學與素食朋友們分享。

隨著素食可以節能減碳與健康養生的觀念推廣，素食已不再局限於傳統認知的宗教素食裡，很多人會為了環保健康而選擇蔬食。

設計這些蔬食菜餚的目的，是希望讓大家跳脫傳統的烹調手法與調味習慣，採用新的搭配方式做菜，且有更多、更新的烹調嘗試。透過本書可以自由組合的義大利套餐，期望讀者能因此而開始享受素食更多元的面貌。

最後，要感謝柯俊年老師和本書所有的相關工作人員，讓這本創新手法的食譜可以有最好的呈現。

目錄

CHAPTER 1
沙拉
Salad

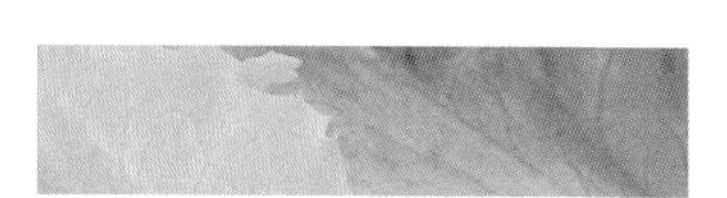

CHAPTER 2
湯品
Soup

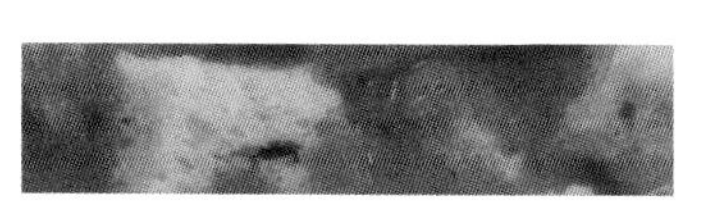

CHAPTER 3
麵食
Pasta

CHAPTER 4
燉飯
Risotto

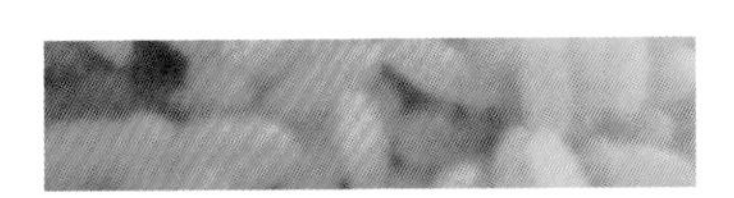

CHAPTER 5
甜點
Dessert

義大利麵介紹

義大利麵的口感非常彈牙，是因採用杜蘭小麥粉製作麵條。杜蘭小麥粉所做出的義大利麵，麵身為黃色，具有麥香，口感微甜，韌度很強。義大利麵的種類很多，僅以麵型分類，就超過一千種。不同麵條有不同特質，鳥巢麵一類粗麵條適合濃郁的醬汁，天使麵一類細麵條適合清爽的醬汁，而像螺旋麵、蝴蝶麵有皺摺的麵條易吸附醬汁。有的義大麵含蛋或葷食成分，素食者選購麵條時要留意。

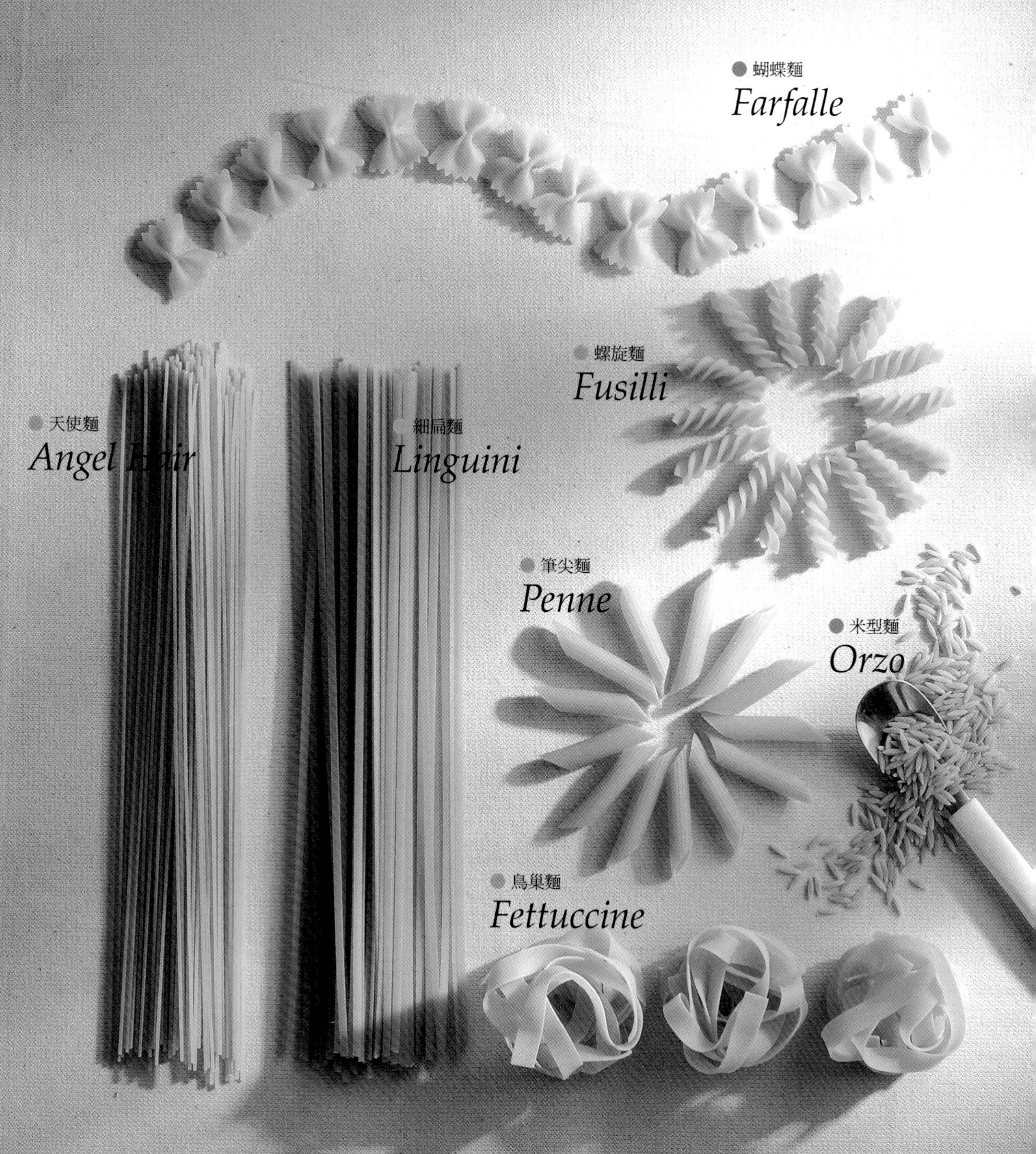

義大利米介紹

義大利人與東方人一樣，喜歡米食，擁有多種不同特色米飯料理，除了招牌燉飯，也常用義大利米做沙拉、湯、點心。義大利米的種類很多，但基本上都很適合用做燉飯。臺灣餐廳常以米型義大利麵或是臺灣米替代義大利米，雖然做出來的燉飯也很美味，但是會缺少義大利米特有的彈牙口感。不過也有人不太習慣義大利米的嚼勁，會覺得米好像未煮熟，還是比較喜歡臺灣米鬆軟的口感。

橄欖油介紹

有人說沒有橄欖油，就沒有義大利料理，可見其重要性。不同產地的橄欖油，顏色、香氣與風味也不同。本書所使用的橄欖油分為兩類：特級冷壓橄欖油（Extra Virgin Olive Oil）與純橄欖油（Pure Olive Oil）。特級冷壓橄欖油顏色為青綠色，適用於沙拉涼拌；純橄欖油顏色為黃綠色，可耐高溫，適用於煎煮炒炸。除此之外，義大利人喜歡在橄欖油裡添加迷迭香、百里香一類香草植物，使用香草橄欖油可增添享用義大利料理的風情。

義大利醋介紹

最具義大利風味的醋，當為巴沙米可醋（Balsamico），它是一種陳年葡萄醋，在木桶中自然熟成。傳統的巴沙米可醋未經發酵為酒，不含酒精，果香濃郁。由於陳年的巴沙米可醋價格昂貴，市售工廠製的巴沙米可醋為降低成本，通常為酒醋加糖與調味料製成仿巴沙米可醋，選購時要留意成分說明。義大利除了水果醋種類很多外，香草醋也是一大特色，很多人家喜歡將瓶瓶罐罐香草醋當作美麗擺設。

新鮮香草介紹

義大利人喜歡香草植物，不只種植普遍，料理更是少不了清新迷人的香草香。香草不但可增加料理風味，而且具有醫療保健效果。香草通常只取莖、葉或全株使用，可分為新鮮香草與乾燥香草，乾燥香草使用方便，但香氣不及新鮮香草。喜歡用新鮮香草做料理的人，可以在陽台或花園栽植香草，便有最新鮮的香草可隨時取用。

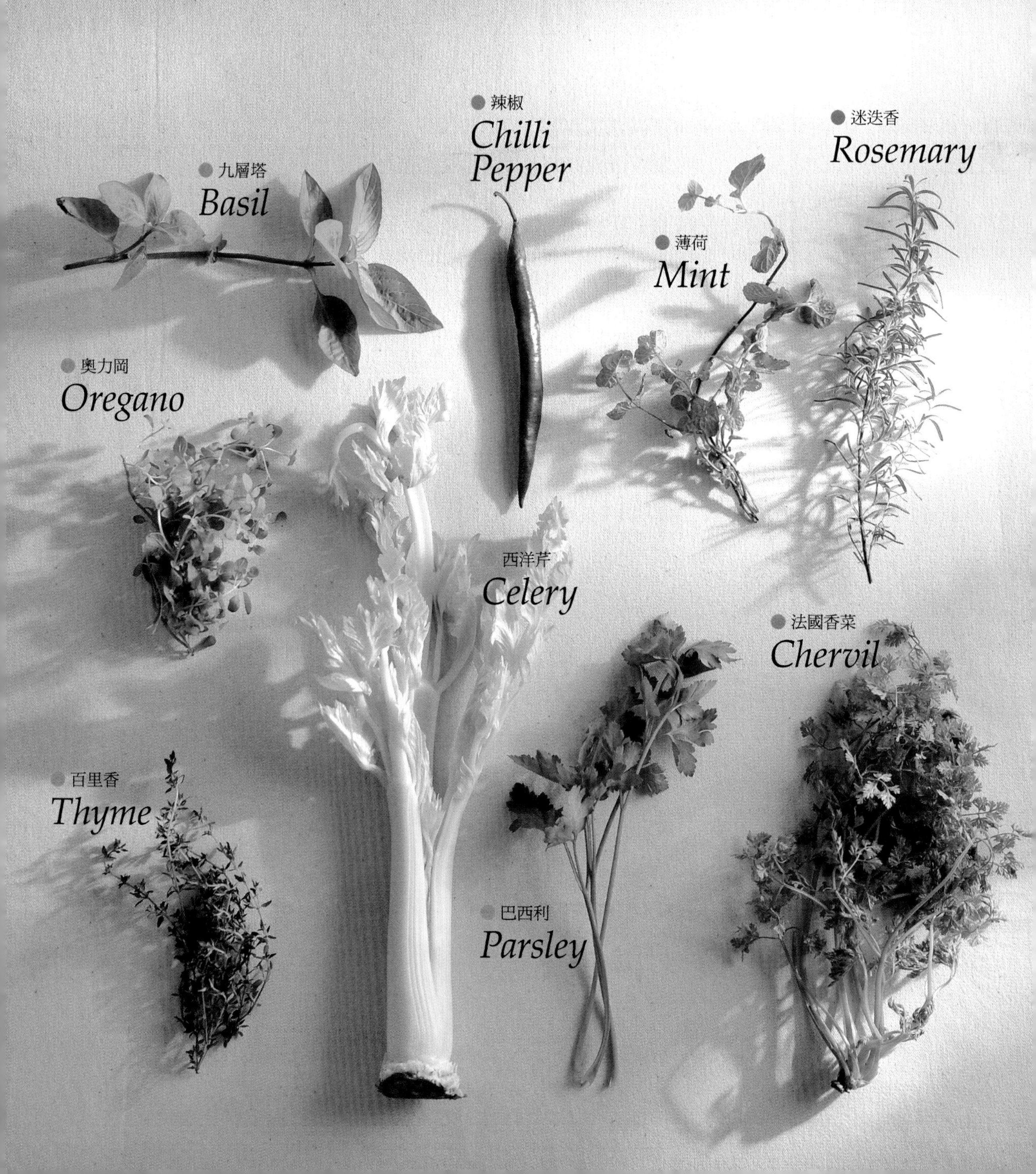

乾燥香料介紹

香料是指取用植物乾燥過後的根、種子、果實或樹皮，所做成的調味料，可以增加食物的香氣，促進食欲。由於很多人在做義大利料理時，常不知如何搭配運用香草與香料，不妨使用義大利香料，這是已調配好的綜合性香料。但是在選購綜合性香料時，如咖哩粉或義大利香料，要注意有無添加素食者不能食用的洋蔥一類五辛成分。

月桂葉
Bay Leaf

杜松子
Juniper Berry

黑胡椒
Black Pepper

咖哩粉
Curry Powder

豆蔻粉
Nutmeg

義大利香料
Italian Seasoning

紅椒粉
Paprika

白胡椒粉
White Pepper

如何煮義大利麵？

煮義大利麵的鍋具，不一定要用煮麵鍋，用一般湯鍋或炒菜鍋皆可，重點是要能讓麵條可以放射狀散開，不相互沾黏。測量麵的使用量，不一定要買義大利量麵器，可用瓶蓋測量，一人份約一瓶口大小。煮麵時不要加入橄欖油，以免麵條在拌炒時不易吸收醬汁。煮麵過程，不需另外加水，但要保持滾沸狀態。

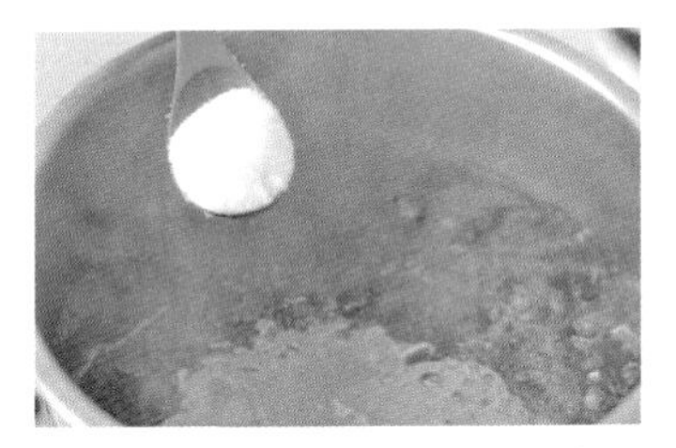

1 取一深鍋，加入 1/2 鍋冷水，待水滾後，加入 1/2 小匙鹽。

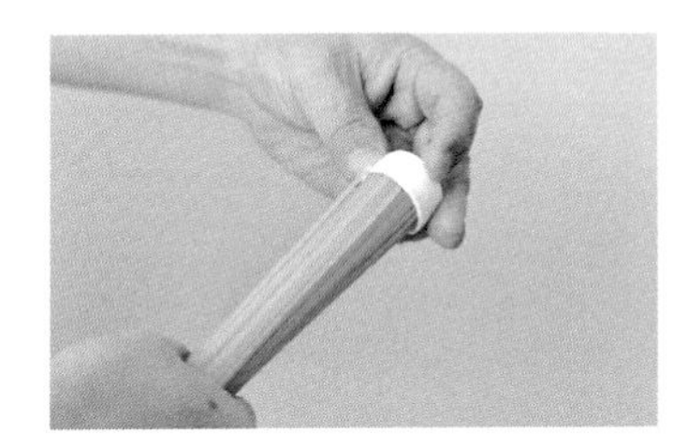

2 取一瓶口大小的一人份義大利麵。

3 手以順時針方向旋轉麵條，垂直放入鍋內。

4 麵條要放射狀散開。

5 深鍋也可以改用中華鍋，但麵條要改為橫放入鍋內。

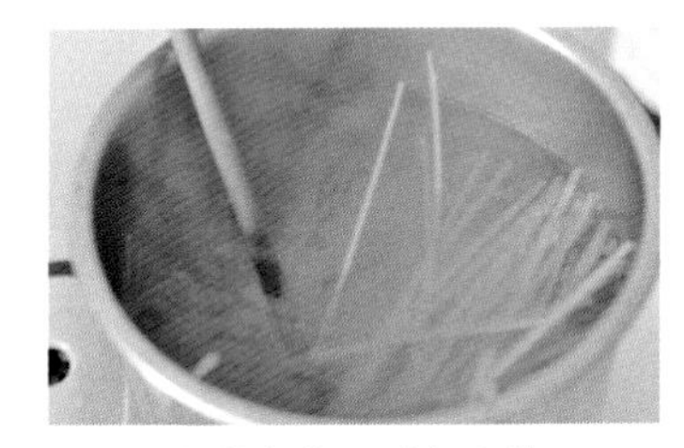

6 適度攪拌麵條，避免沾黏。

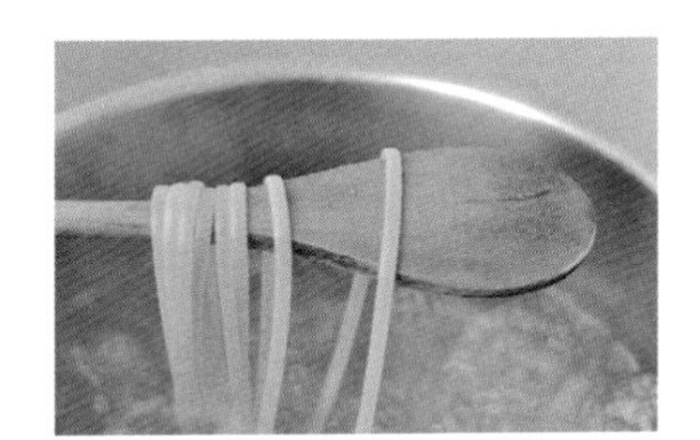

7 撈起麵條，取一條測試彈性是否適中。

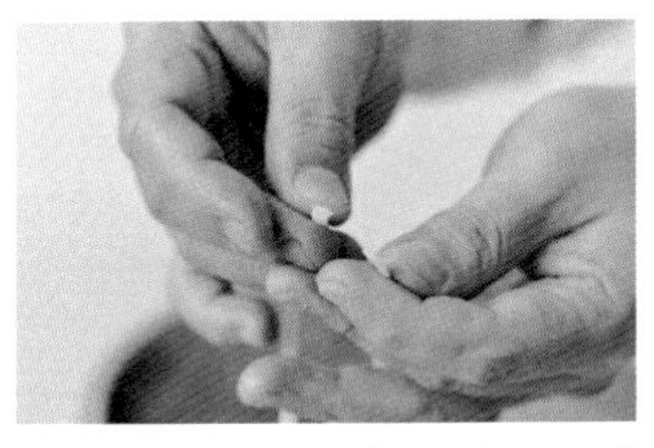

8 麵條要保留一點白色麵芯，口感比較彈牙。

9 麵熟即可撈起瀝乾水分，盛盤。麵可拌入少許橄欖油避免沾黏。

Risotto

如何煮義大利米?

煮義大利米要注意的是，義大利米不需洗米，以免米粒糊化。要開大火拌炒，才能炒出米的香味，炒至金黃上色。高湯要使用熱湯，不能用冷湯，以免影響米心熟度。高湯的加法，要視情況調整，通常先倒入一半用量，再分次邊炒邊加入，以調整米的乾濕度。添加月桂葉的目的是增加香氣，月桂葉要折半或戳裂，才易發出香氣。

1 把鍋燒熱，倒入30公克橄欖油。

2 加入 50 公克義大利米。

3 開大火，炒至米粒表面有點金黃上色。

4 先倒入一半的高湯，約 250 公克。

5 讓米粒充分吸收高湯精華。

6 邊炒邊倒入剩餘的高湯，約 250 公克。

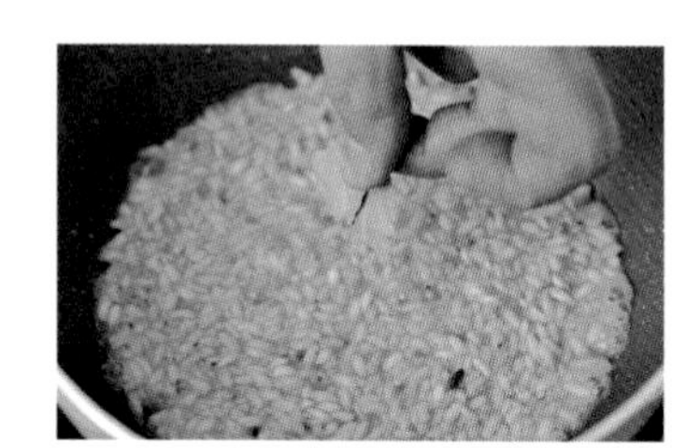

7 將一片月桂葉折半，放入鍋內。

8 米粒煮至九分熟，即可起鍋。

9 將煮好的飯盛盤。

Gnocchi

如何做義大利麵疙瘩？

義大利麵疙瘩和中式麵疙瘩的做法、口感完全不同，由於添加了馬鈴薯，讓義大利麵疙瘩吃起來非常柔軟可口。通常製作義大利麵疙瘩時，馬鈴薯與高筋麵粉的用量，為1：1的比例。雖然市面有售乾燥的義大利麵疙瘩，但總是不如自己動手做的新鮮美味。做好的麵疙瘩不要久放，最好能趁新鮮現煮現吃。

1 將400公克馬鈴薯煮熟，過篩攪拌成薯泥。

2 薯泥加入400公克高筋麵粉、1小匙鹽。

3 加入20公克水。

4 以湯匙輕輕攪拌。

5 揉成柔軟的麵糰。若麵糰太黏，可以用少許的麵粉調整。

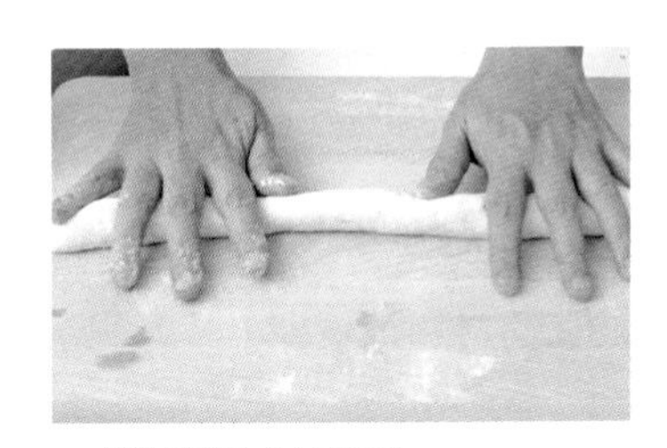

6 將麵糰搓成長條型。

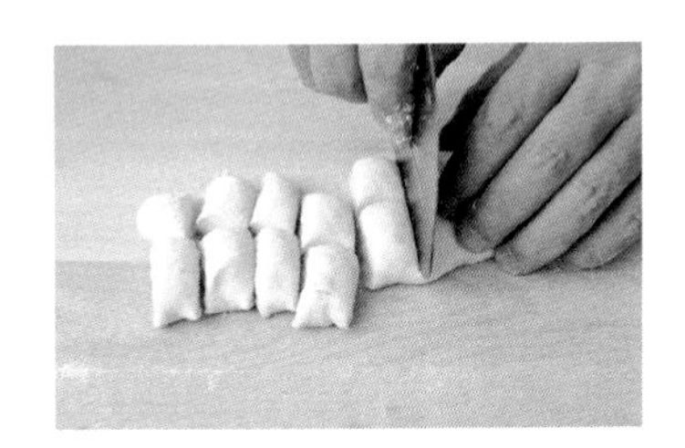

7 切小片。

8 用叉子的叉背在每一小片麵片上，壓出紋路。

9 將完成的麵疙瘩放入滾水煮熟即可。

Ravioli 如何做義大利方餃？

義大利餃的造型，千變萬化，可自由發揮創意，這裡介紹基本款的義大利方餃。家中如有壓麵機，也可替代擀麵棍擀麵糰。通常方餃是使用2張麵皮貼合，這裡簡化做法改為對折。分割麵皮時，需用鋸齒輪刀，使用輪刀可以讓方餃產生美麗的波浪紋。義大利方餃有些製作難度，但只要用心做，一定能成功。

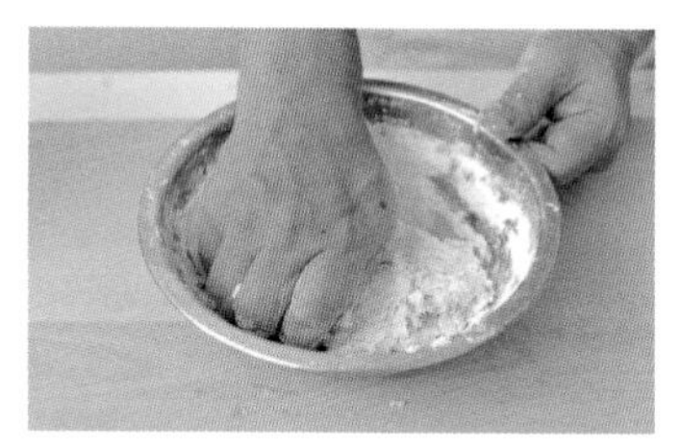

1 取一鋼盆，放入200公克高筋麵粉、100公克水、40公克橄欖油，用手攪拌均勻揉成麵糰。

2 將鋼盆覆蓋上保鮮膜，或是直接將鋼盆倒扣，讓麵糰靜置30分鐘醒麵。

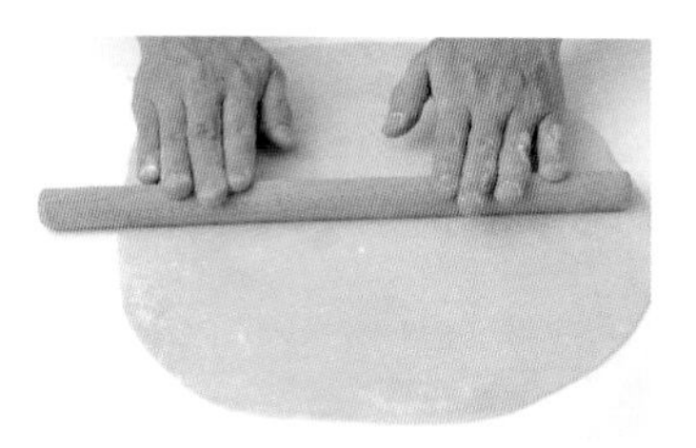

3 用擀麵棍擀平麵糰。

4 每個麵片間隔10公分，放上約5公克的內餡。

5 在餡料外緣刷上水。

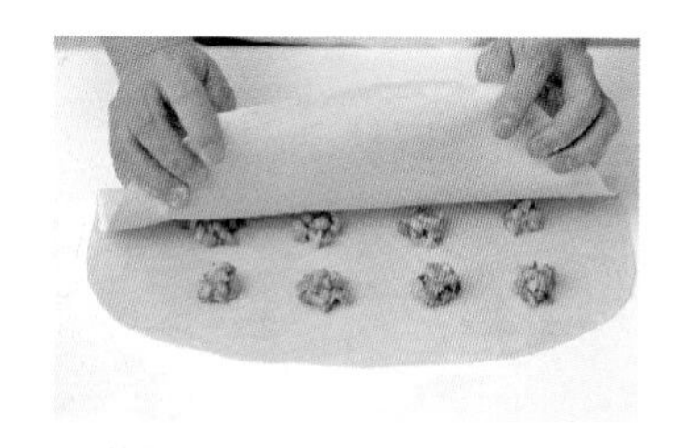

6 將麵皮對折。

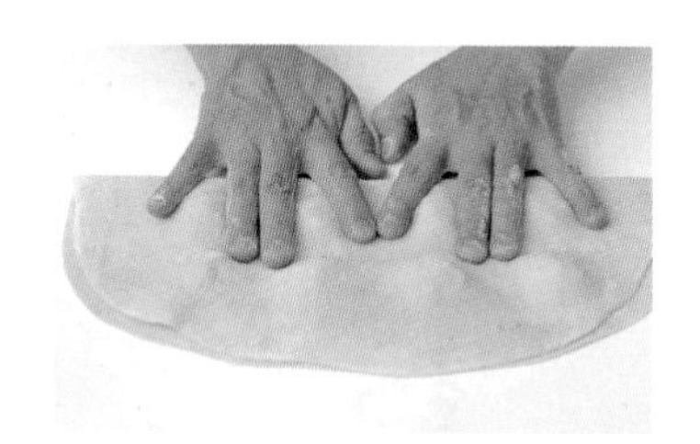

7 將內餡周圍的空氣壓掉。

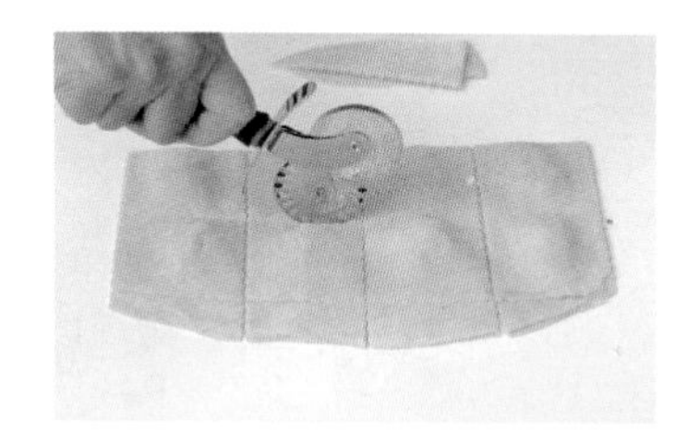

8 用輪刀切割成正方型的方餃。

9 方餃放乾10分鐘後，即可放入鍋內烹煮。

CHAPTER 1　沙拉

Salad

Italian Vegan Cuisine

近年流行自己動手做醋，
像是梅醋、檸檬醋、蘋果醋、鳳梨醋……等，這些水果醋都非常受歡迎。
做醋的方法雖容易上手，但深入鑽研後，會發現也是一門大學問。
大家不妨以實驗精神來料理這道沙拉，
陳年醋可分別採用義大利巴沙米可醋與臺灣水果醋，
各試做一道沙拉，品嘗不同的風味！

Salad・01

香梅油醋生菜沙拉

材料

美生菜……100 公克
蘿蔓生菜……20 公克
綠捲生菜……10 公克
紅捲生菜……10 公克
小番茄……8 顆
新鮮法國香菜……1 朵
小豆芽……5 公克
酸梅……3 顆

調味料

鹽……10 公克
糖……50 公克
陳年醋……50 公克

做法

1. 美生菜、蘿蔓生菜、綠捲生菜、紅捲生菜洗淨，切段，以冰水浸泡 20 分鐘，瀝乾水分；小番茄洗淨，用小刀劃十字，以滾水汆燙 15 秒後，冰鎮去皮，瀝乾水分；新鮮法國香菜洗淨；小豆芽洗淨，備用。
2. 取一鍋，加入酸梅、陳年醋、鹽、糖，一起煮滾後，取出放涼，拌入 100 公克特級冷壓橄欖油，即是梅汁醋醬。
3. 將所有生菜放在預先放入冰箱冰鎮過的盤子上，以小番茄、法國香菜、小豆芽做裝飾，淋上梅汁醋醬即可。

小叮嚀

- 生菜的品種很多，挑選適合做生菜沙拉的即可。本書主要使用的生菜種類有四種：美生菜（Iceberg Lettuce）、蘿蔓生菜（Romaine）、綠捲生菜（Frisee）、紅捲生菜（Lollo Rosso）。本道沙拉選用的小豆芽，建議使用豌豆豆芽。
- 生菜在食用前，要先甩乾水分，避免醬汁被水稀釋。由於生菜的葉子遇鹽會出水，所以在食用前，才淋上醬汁，以免菜葉脫水。
- 法國香菜的香味近似臺灣香菜的香味，但是香氣更為細緻，所以也可以臺灣香菜（Coriander）替代。法國香菜具有提味的功能，和巴西利的運用特點不太一樣的是，巴西利因氣味較厚重，所以多了矯臭去腥的作用。
- 陳年醋採用義式陳年果醋巴沙米可醋最佳，是最具義大利風味特色的醋，但也可以改用一般水果醋。巴沙米可醋濃縮過後，風味更佳，可取一小鍋將巴沙米可醋煮至剩 1/3 至 1/4 量，即為自製的濃縮巴沙米可醋。此外，也可以直接在未濃縮的巴沙米可醋，滴入幾滴檸檬汁，味道會變得柔和。
- 沙拉涼拌時，建議使用特級冷壓橄欖油。特級冷壓橄欖油適合涼拌，如需熱炒、焙烤時，則要改用耐高溫的純橄欖油。

義大利人和臺灣人一樣，
不但喜歡吃水果，也常用水果入菜或做點心。
為讓大家輕鬆體會義大利料理風情，所以設計一道水果沙拉，
只要將水果丁淋上義式風味醬汁，便能品味義式風情。

Salad - 02

水果串沙拉

材料

哈蜜瓜……100 公克
西瓜……100 公克
鳳梨……100 公克
美生菜……30 公克
蘿蔓生菜……20 公克
綠捲生菜……10 公克
紅捲生菜……10 公克
小番茄……5 公克
新鮮薄荷……2 公克
百里香……3 公克
竹串……適量

調味料

鹽……10 公克
糖……10 公克
陳年醋……25 公克

做法

1. 哈密瓜洗淨去皮，切 2 公分塊；西瓜洗淨去皮，切 2 公分塊；鳳梨洗淨去皮，切 2 公分塊；美生菜、蘿蔓生菜、綠捲生菜、紅捲生菜洗淨，切段，以冰水浸泡 20 分鐘，瀝乾水分；小番茄洗淨，對剖；新鮮薄荷洗淨，備用。
2. 將陳年醋、百里香、鹽、糖，以及 100 公克特級冷壓橄欖油，一起拌均，即是醬汁。
3. 取一個盤子，以所有生菜鋪盤，將水果塊用竹串串起，放入盤中，以薄荷做裝飾，淋上醬汁，即可食用。

小叮嚀

- 水果可自由改用其他當令水果。

佛卡夏麵包（Focaccia）是義大利的特色麵包，
已流傳千年，被稱為是披薩的前身。
扁狀的佛卡夏也稱香料麵包，加入香料橄欖油的麵包，
香氣十足，口感鬆軟，常常是麵包店裡人氣第一的麵包。

Salad · 03

香料烤麵包

材料

佛卡夏麵包……1 條
法國麵包……1 條
百里香……5 公克
新鮮迷迭香葉……5 公克
新鮮巴西利……5 公克

調味料

西班牙紅椒粉……3 公克
鹽……3 公克
糖……3 公克

做法

1 將佛卡夏麵包、法國麵包切成厚片；新鮮迷迭香葉洗淨；新鮮巴西利洗淨，切碎，備用。
2 取一鋼盆，加入百里香、迷迭香葉、巴西利碎、西班牙紅椒粉、鹽、糖，以及 100 公克純橄欖油，一起拌均，即是香料橄欖油。
3 將佛卡夏麵包片、法國麵包片沾上香料橄欖油，放入烤箱，用 180 度烘烤 3 分鐘，將表面烤至上色，即可取出食用。

小叮嚀

- 西班牙紅椒粉為地中海菜系的重要香料，具有著色與賦香功能，本身沒有辣味，常使用於西班牙料理與義大利料理。

沙拉除了吃涼拌的，也可以吃烤熟的。
對於習慣熟食的東方人來說，溫沙拉是很容易接受的西式餐點。
溫沙拉在拌入多種義大利香料後，迷人的香氣，
讓人宛如置身在香草花園裡。

Salad・04

烤蔬菜溫沙拉

材料

番茄……50 公克
茄子……50 公克
紅椒……50 公克
黃椒……50 公克
櫛瓜……50 公克
青花椰菜……50 公克
白花椰菜……50 公克
百里香……5 公克
新鮮迷迭香葉……5 公克
新鮮迷迭香……1 支
新鮮巴西利……5 公克
美生菜……50 公克
蘿蔓生菜……10 公克
綠捲生菜……10 公克

調味料

鹽……10 公克
陳年醋……50 公克

做法

1 番茄洗淨，去皮去子，切中丁；茄子、紅椒、黃椒、櫛瓜洗淨，切片；青花椰菜、白花椰菜洗淨，切小朵；新鮮巴西利洗淨，切碎；美生菜、蘿蔓生菜、綠捲生菜洗淨，切段，以冰水浸泡 20 分鐘，瀝乾水分；新鮮迷迭香洗淨，備用。
2 將番茄丁、茄子片、紅椒片、黃椒片、櫛瓜片、青花椰菜、白花椰菜，拌入百里香、迷迭香葉、巴西利碎、鹽，以及 20 公克純橄欖油，放入烤箱，用 150 度烘烤 15 分鐘。
3 取一個盤子，鋪上所有生菜，放上烤好的什錦蔬菜，淋上陳年醋，以迷迭香做裝飾，即可食用。

小叮嚀

- 櫛瓜（Zucchini），又名夏南瓜（Summer Squash），是義大利料理常見食材，義大利櫛瓜種類可分為綠櫛瓜及黃櫛瓜，有人稱為青如意與黃如意。瓜皮可食用，不用去皮。櫛瓜生食或熟食皆可，涼拌、熱炒、燒烤、油炸或煮濃湯，都很適合。可在超級市場選購。如果想以類似食材代替，也可改用大黃瓜或蒲瓜等瓜類。
- 大丁約為 3 立方公分，中丁約為 1.5 立方公分，小丁約為 0.5 立方公分。
- 溫沙拉不一定要使用烤箱，也可以改用燒烤平底盤（Grill Pan）烤 5 分鐘即可。燒烤平底鍋不但受熱均勻，可讓食物水分飽足不流失，而且烤後會有烙紋，讓食物看起來更美觀可口，同時也增加焦香味。

素食者經常使用菇類食材入菜，
在中式料理外，不妨試著改換新口味，試試義式做法。
菇類與陳年醋、橄欖油是絕妙的搭配，
可再自由嘗試變換不同的義大利新鮮香草，讓料理更豐富。

Salad・05

陳年醋漬綜合香菇

材料

新鮮香菇……100公克
杏鮑菇……100公克
秀珍菇……30公克
美生菜……30公克
蘿蔓生菜……30公克
綠捲生菜……10公克
小番茄……10顆
百里香……5公克
新鮮迷迭香……1支

調味料

鹽……10公克
糖……10公克
陳年醋……50公克

做法

1 新鮮香菇、杏鮑菇、秀珍菇洗淨，切大丁；小番茄洗淨，用小刀劃十字，以滾水汆燙15秒後，冰鎮去皮，瀝乾水分，對剖；美生菜、蘿蔓生菜、綠捲生菜洗淨，切段，以冰水浸泡20分鐘，瀝乾水分；新鮮迷迭香洗淨，備用。
2 將香菇丁、杏鮑菇丁、秀珍菇丁拌入百里香、鹽、糖，以及30公克純橄欖油，放入烤箱，用180度烘烤15分鐘。
3 從烤箱取出烤好的綜合菇，盛盤，拌入陳年醋，放涼。
4 取一個盤子，鋪上所有生菜，放上綜合菇，以小番茄、迷迭香做裝飾，即可食用。

小叮嚀

- 香氣是菇類料理的迷人處，但在料理前的新鮮菇類，通常都帶有草腥味，只要經過熱炒或熱烤，便能消除草腥味，讓氣味變得柔和。

蔬菜條是近幾年風行的西式點心，
做法簡單又營養健康，當早餐或搭配下午茶都很適合。
茶會時，因不一定會立即享用食物，需考慮食物的耐放度。
大部分蔬菜條都做了汆燙殺青處理，
不但可增加爽脆口感，而且也可久放不變色。

Salad・06

茶會蔬菜條

材料

紅蘿蔔……50公克
西洋芹……50公克
紅椒……50公克
黃椒……50公克
小黃瓜……50公克
四季豆……50公克
百里香……5公克
新鮮迷迭香葉……5公克
新鮮巴西利……5公克

調味料

鹽……10公克
糖……10公克
陳年醋……50公克

做法

1. 紅蘿蔔洗淨去皮，切條，汆燙，冰涼；西洋芹洗淨，除去粗纖維，切條，汆燙，冰涼；紅椒、黃椒洗淨去子，切條；小黃瓜洗淨去子，切條，汆燙，冰涼；四季豆洗淨，去頭尾，汆燙，冰涼；新鮮迷迭香葉洗淨；新鮮巴西利洗淨，切碎，備用。
2. 將百里香、迷迭香葉、巴西利碎、鹽、糖、陳年醋，以及30公克特級冷壓橄欖油，一起拌均，即是沾醬。
3. 將紅蘿蔔條、西洋芹條、紅椒條、黃椒條、小黃瓜條、四季豆放入杯中，即可沾醬食用。

小叮嚀

- 蔬菜條要切等長，食用較為方便。
- 殺青是指蔬菜在短時間內經高溫處理後，立即放入涼水降溫，以保持綠色不變色與清脆口感。殺青的方法很多種，例如滾水汆燙、以高溫油炸、以高溫蒸氣蒸……，其中在滾水汆燙時，如果加入少許的鹽，可幫助保留蔬菜的美味。

番茄是義大利料理不可或缺的重要蔬菜，
僅僅是單純的烤法，就有很多種變化，風乾番茄、油醋烤番茄……。
這裡介紹非常方便實用的烤法，隨時想吃便可以隨手烤。

Salad • 07

義式香料烤番茄

材料

牛番茄……3 顆
新鮮迷迭香葉……10 公克
新鮮巴西利……5 公克
百里香……5 公克

調味料

麵包粉……200 公克
鹽……20 公克
糖……10 公克
陳年醋……50 公克

做法

1. 牛番茄洗淨，從上方約 1/4 處切開；新鮮迷迭香葉洗淨；新鮮巴西利洗淨，切碎，備用。
2. 將麵包粉、迷迭香葉、巴西利碎、百里香、鹽、糖、陳年醋，以及 50 公克純橄欖油，一起拌均，即是麵包粉料。
3. 將番茄平放於烤盤，鋪上麵包粉料，放入烤箱，用 150 度烘烤 20 分鐘。
4. 將烤好的番茄取出，盛盤，淋上 5 公克特級冷壓橄欖油，即可食用。

小叮嚀

- 此為簡易的烤番茄做法，如果去子挖空番茄，鑲入滿滿的麵包粉料，便是番茄盅的做法。喜愛烤蔬菜的義大利人，經常以鑲烤方式做料理，烤番茄盅、烤青椒盅都是家常美味。
- 麵包粉可先用乾鍋以小火炒過，或是用烤箱烤過，味道會更香。

生菜沙拉的美味關鍵，
除了所選的生菜要新鮮，最重要的就是醬汁了。
這道料理的特別處就在於沙拉醬，用嫩豆腐做的沙拉醬，
口感滑膩如慕絲甜點，還帶有淡淡的豆香味。

Salad・08

豆腐百香果沙拉

材料

嫩豆腐……100 公克
百香果……30 公克
美生菜……100 公克
蘿蔓生菜……20 公克
綠捲生菜……10 公克
紅捲生菜……10 公克
小番茄……8 顆
小豆芽……20 公克
百里香……5 公克

調味料

鹽……10 公克
糖……10 公克

做法

1. 嫩豆腐洗淨，切塊；百香果洗淨，對剖，取出果肉；美生菜、蘿蔓生菜、綠捲生菜、紅捲生菜洗淨，切段，以冰水浸泡 20 分鐘，瀝乾水分；小番茄洗淨，用小刀劃十字，以滾水汆燙 15 秒後，冰鎮去皮，瀝乾水分；小豆芽洗淨，備用。
2. 將嫩豆腐、百香果肉、百里香、鹽、糖，以及 200 公克特級冷壓橄欖油，用果汁機攪打，即是豆腐百香果沙拉醬。
3. 取一個盤子，放上全部生菜，淋上豆腐百香果沙拉醬，以小番茄、小豆芽做裝飾，即可食用。

小叮嚀

- 沙拉醬所用的豆腐，要選用嫩豆腐，不能用板豆腐，才能攪打出細緻的口感。

義式陳年醋可帶出蔬菜的鮮甜味，讓蔬菜吃起來更甜。
臺灣有很多風味特殊的蔬菜，這裡試著將茭白筍與義式調味做結合，
讓中西美味產生新的創意。
可以試試茭白筍淋上義式陳年醋後，風味有何不同！

Salad・09

茭白筍沙拉

材料

茭白筍……500 公克
綠捲生菜……30 公克
法國麵包……50 公克
百里香……5 公克
新鮮巴西利……5 公克

調味料

黑胡椒碎……3 公克
鹽……10 公克
糖……10 公克
陳年醋……100 公克

做法

1 茭白筍洗淨，去皮對切；綠捲生菜洗淨，剝片，以冰水浸泡 20 分鐘，瀝乾水分；法國麵包切薄片；新鮮巴西利洗淨，切碎，備用。
2 茭白筍拌入巴西利碎、百里香、黑胡椒碎、鹽、糖，以及 100 公克純橄欖油，整齊排列在烤盤上，放入烤箱，用180度烘烤10分鐘。
3 法國麵包片拌入少許橄欖油，放入烤箱，用 80 度低溫烘烤 15 分鐘，切脆片。
4 將烤好的茭白筍取出，盛盤，以生菜、法國麵包脆片做裝飾，淋上陳年醋，即可食用。

小叮嚀

- 茭白筍不一定要用烤箱烤，喜歡清淡口味的人，也可以改為汆燙。
- 中國人喜歡使用已研磨好的黑胡椒粉，但其實現磨的黑胡椒香氣最香，所以西方人習慣自己研磨黑胡椒粒。
- 切脆片使用鋸齒刀最佳，如果沒有鋸齒刀，可用菜刀代替，但是要先將菜刀兩面以爐火烤熱再切。

在義大利餐廳常可見到卡布烈斯，
Caprese意思是卡布烈斯風格，正確用法為Insalata di Caprese。
卡布烈斯是義大利拿坡里的一道具代表性的前菜，這裡用豆腐代替水牛起士（Mozzarella Cheese）。
當地的飲食特色以番茄料理為主，菜式表現特色為強調食材原味。

Salad・10

卡布烈斯豆腐沙拉

材料

板豆腐……80公克
牛番茄……1顆
美生菜……30公克
蘿蔓生菜……10公克
綠捲生菜……10公克
新鮮九層塔……50公克
百里香……5公克
松子……20公克

調味料

鹽……10公克
糖……10公克
陳年醋……50公克

做法

1. 板豆腐洗淨，切片；牛番茄洗淨，切片；美生菜、蘿蔓生菜、綠捲生菜剝小片，以冰水浸泡20分鐘，瀝乾水分；新鮮九層塔洗淨，備用。
2. 將九層塔、百里香、松子、鹽、糖，以及100公克特級冷壓橄欖油，用果汁機攪打成青醬。
3. 取一個盤子，將美生菜、蘿蔓生菜、綠捲生菜鋪於盤底，再將板豆腐與番茄片以交錯疊片方式擺盤，一片板豆腐疊上一片番茄片，直至完成。
4. 將青醬、陳年醋淋於沙拉上，即可食用。

小叮嚀

- 板豆腐帶有濃郁豆香，所以適合用來代替水牛起士。由於板豆腐水分多，所以使用前要先將板豆腐放在紙巾上，再放上盤子，以用盤子壓除多餘的水分。

CHAPTER 2　湯品

Soup

Italian Vegan Cuisine

一般喝到的薏仁湯，
通常都是甜湯類的綠豆薏仁湯、紅豆薏仁湯，或是當作藥膳湯。
這裡介紹義大利風味的薏仁湯做法，
是一道非常鄉村風味的湯品。

Soup・01

義式薏仁湯

材料

薏仁……30 公克
紅蘿蔔……30 公克
西洋芹……30 公克
高麗菜……30 公克
新鮮香菇……30 克
蔬菜高湯……500 克
新鮮巴西利……3 公克

調味料

鹽……5 公克
白胡椒粉……2 公克

做法

1 薏仁洗淨，用水浸泡，靜置 1 天後，瀝乾水分，備用。
2 紅蘿蔔洗淨去皮，切小丁；西洋芹洗淨，切小丁；高麗菜洗淨，切片；新鮮香菇洗淨，切小丁；新鮮巴西利洗淨。
3 把鍋燒熱，倒入 30 公克純橄欖油，將紅蘿蔔丁、西洋芹丁、高麗菜片、香菇丁拌炒均勻，再加入薏仁一起炒香。
4 加入蔬菜高湯，燉煮 1 小時，煮至薏仁軟爛，以鹽、白胡椒粉調味，即可起鍋。
5 淋上 5 公克特級冷壓橄欖油，撒上巴西利葉，即可食用。

小叮嚀

- 不一定要使用薏仁，也可以改放豆子，不論使用哪種豆類，皆很美味。
- 薏仁也可以不事先浸泡，直接烹煮，但由於需煮約半小時才會熟，非常耗時，所以建議至少浸泡半日，以省時節能。

蔬菜高湯 DIY

材料

新鮮香菇……200 公克
西洋芹……500 公克
紅蘿蔔……400 公克
百里香……2 公克
月桂葉……2 片
迷迭香……2 公克
丁香……1 顆
黑胡椒粒……3 公克

做法

1 新鮮香菇洗淨；西洋芹洗淨，切大塊；紅蘿蔔洗淨去皮，切大塊，備用。
2 取一高湯鍋，倒入冷水 3000 公克，加入全部材料，以大火煮滾。
3 滾沸後，改以小火，煮 1 小時，期間要將表面的浮渣撈除。
4 關火後，濾除所有材料，2000 公克的高湯即完成。

這是一道義大利菜常用的麵包料理，
也是所謂「一餐只要做一道菜」的代表作，
在義大利的農村裡，很多農夫都是這樣吃一餐的。
雖然名為麵包湯，但麵包裡不一定都要加湯，
也可以改放燴菜或是有湯汁的燉菜。

Soup・02

托斯卡尼番茄麵包湯

材料

番茄……50 公克
番茄糊……30 公克
紅蘿蔔……20 公克
西洋芹……20 公克
鄉村麵包……20 公克
蔬菜高湯……500 公克
奧力岡葉……2 公克
百里香……2 公克
新鮮巴西利……2 公克

調味料

白胡椒粉……2 公克
鹽……5 公克
糖……5 公克

做法

1 番茄洗淨，切大丁；紅蘿蔔洗淨去皮，切大丁；西洋芹洗淨，切大丁；新鮮巴西利洗淨，備用。
2 將鄉村麵包從上方約 1/4 處切開，做成一個碗的形狀，將麵包裡面的麵包芯挖出，內部淋上純橄欖油後，放入烤箱，用 100 度烘烤 15 分鐘，烤至麵包皮稍硬即可。
3 把鍋燒熱，倒入 30 公克純橄欖油，將番茄丁、紅蘿蔔丁、西洋芹丁拌炒均勻，再加入番茄糊一起炒香，炒去番茄糊的酸味後，再加入奧力岡葉、百里香、蔬菜高湯，將所有蔬菜丁煮軟後，即可起鍋。
4 熱湯用果汁機攪打成泥湯，以白胡椒粉、鹽、糖調味後，倒入麵包盅。
5 淋上 5 公克特級冷壓橄欖油，撒上巴西利葉，即可食用。

小叮嚀

- 麵包芯可以直接加入湯裡烹煮，或是沾食煮好的湯，享受道地的義式吃法。
- 番茄糊可以自製，最簡便的方法為將洗淨切塊的番茄，以果汁機打碎，放入鍋中，加入少許鹽讓其出水，再以小火熬煮至膏狀，起鍋放涼即完成。一次可以多做一些，放入冰箱冷凍，可以儲存更久，不過最好還是要盡快用完。

這道湯可以說是義大利的招牌湯，
有很多不同的料理版本。料理的重點在於番茄湯底。
西餐湯品只要在炒蔬菜時，多用點心，
以慢火把蔬菜炒香，煮出來的湯一定會非常香甜。
義大利人很惜福，前一天喝不完的湯，加熱後再補入義大利麵，
便是一道風味更為濃郁的好湯。

Soup・03

義式蔬菜湯

材料

3號義大利麵……30公克
番茄糊……20公克
紅蘿蔔……20公克
西洋芹……20公克
高麗菜……60公克
新鮮香菇……30公克
新鮮巴西利……5公克
奧力岡葉……3公克
百里香……3公克
蔬菜高湯……500公克
新鮮九層塔……5公克

調味料

白胡椒粉……3公克
鹽……10公克
糖……5公克

做法

1 義大利麵切1公分段；紅蘿蔔洗淨去皮，切小丁；西洋芹洗淨，切小丁；高麗菜洗淨，切片；新鮮香菇洗淨，切小丁；新鮮巴西利洗淨，切碎；新鮮九層塔洗淨，備用。
2 把鍋燒熱，倒入30公克純橄欖油，將紅蘿蔔丁、西洋芹丁、高麗菜片、香菇丁拌炒均勻，再加入番茄糊一起炒香，炒去番茄糊的酸味後，再加入奧力岡葉、百里香、蔬菜高湯。
3 將蔬菜丁煮透後，繼續燉煮約30分鐘，加入切段的義大利麵，以白胡椒粉、鹽、糖調味，再煮約5分鐘，即可起鍋。
4 淋上5公克特級冷壓橄欖油，撒上巴西利碎、九層塔，即可食用。

小叮嚀

- 這道菜使用3號義大利麵，是常見的義大利麵，為細長圓麵條，直徑1.7公釐。也可以自由更換喜愛的不同種類義大利麵。

義大利人與中國人都愛吃餃子，
但是餃子餡料與醬料特色，各有巧妙。
義式方餃有很多不同的造型，大家可以發揮自己的創意，
包出自己獨特造型的義大利方餃。

Soup・04

義大利方餃

材料

義大利麵粉……200 公克
蘑菇……100 公克
西洋芹……40 公克
豌豆仁……50 公克
新鮮香菇……30 公克
香菇高湯……1000 公克
新鮮九層塔……10 公克

調味料

白胡椒粉……3 公克
鹽……10 公克
糖……5 公克

做法

1 蘑菇洗淨，切碎；西洋芹洗淨，切碎；豌豆仁洗淨；新鮮香菇洗淨，切片；新鮮九層塔洗淨，備用。
2 把鍋燒熱，倒入 40 公克純橄欖油，將蘑菇碎、西洋芹碎一起炒香，加入香菇高湯煮至呈糊狀，再拌入豌豆仁煮滾，即可取出。放涼，即為內餡。
3 將義大利麵粉、40 公克純橄欖油，加入 100 公克水，揉成麵糰，再用擀麵機擀成麵皮。每個間隔 10 公分，放上內餡（約 20 公克），將整張的麵皮都放上內餡後，在餡料外緣刷上水，將麵皮對折，壓除內餡周圍的空氣，用刀子切成一個個方餃，放乾 10 分鐘，直至不拍粉也不會沾黏的情況為止，再放入滾水煮 3 分鐘，煮至半熟，即可取出。（製作細節請參考本書 17 頁示範圖片）
4 取一鍋，倒入香菇高湯，以中火煮滾，加入香菇片、半熟的方餃同煮，以白胡椒粉、鹽、糖調味，待方餃浮出水面、熟了即可起鍋。
5 淋上 5 公克特級冷壓橄欖油，撒上九層塔，即可食用。

小叮嚀

- 義大利麵粉也可改用高筋麵粉，麵皮可用擀麵棍或擀麵機擀皆可。

香菇高湯 DIY

材料

新鮮香菇……1000 公克
西洋芹……100 公克
紅蘿蔔……100 公克
百里香……2 公克
月桂葉……2 片
迷迭香……2 公克
丁香……1 顆
黑胡椒粒……3 公克

做法

1 新鮮香菇洗淨；西洋芹洗淨，切大塊；紅蘿蔔洗淨去皮，切大塊，備用。
2 取一高湯鍋，倒入冷水 3000 公克，加入全部材料，以大火煮滾。
3 滾沸後，改以小火，煮 1 小時，期間要將表面的浮渣撈除。
4 關火後，濾除所有材料，2000 公克的高湯即完成。

扁豆的顏色很多種，紅色、綠色、黃色、棕色、黑色都有，
營養成分很高，是義大利料理不可或缺的重要食材。
扁豆是很容易煮的豆類，久煮過後會自然化開，讓湯品變得濃稠。
扁豆濃湯的濃醇風味，在冬天時享用，會讓全身都感到暖呼呼。

Soup • 05

扁豆濃湯

材料

紅扁豆……200 公克
西洋芹……50 公克
紅蘿蔔……50 公克
蔬菜高湯……500 公克
原味豆漿……100 公克
奧力岡葉……5 公克
百里香……3 公克
新鮮巴西利……5 公克
新鮮迷迭香……1 支

調味料

鹽……5 公克
糖……5 公克

做法

1. 紅扁豆洗淨，用水浸泡 2 小時；紅蘿蔔洗淨去皮，切碎；西洋芹洗淨，切碎；新鮮巴西利洗淨，切碎；新鮮迷迭香洗淨，備用。
2. 把鍋燒熱，倒入 30 公克純橄欖油，將西洋芹碎、紅蘿蔔碎一起炒香，再放入紅扁豆、蔬菜高湯，燉煮 40 分鐘。
3. 起鍋前，以鹽、糖調味，撒上奧力岡葉、百里香，加入原味豆漿，再淋上 5 公克特級冷壓橄欖油，撒上巴西利碎，以迷迭香做裝飾，即可食用。

小叮嚀

- 豆子在料理前，通常都會預先泡水，以軟化豆子並且吸附水分。泡過水的豆子不但口感較為鬆軟可口，而且可大大縮短烹煮的時間。萬一豆子無法預先浸泡，必須直接烹煮，則會增加約半小時的時間。

BuonoMercato
RubyOnion

卡布奇諾野菇濃湯以菇類為底，鋪滿雪白香濃的豆漿奶泡，
再撒上紅椒粉，乍看之下真的很像現煮的義大利咖啡。
卡布奇諾野菇濃湯的魅力，在於綿密細緻的口感，
再加上菇類與香草本具的香氣，喝起來非常香醇滑順。

Soup・06

卡布奇諾野菇濃湯

材料

原味豆漿……200 公克
新鮮香菇……50 公克
蘑菇……50 公克
西洋芹……30 公克
香菇高湯……500 公克
百里香……5 公克
新鮮巴西利……5 公克

調味料

鹽……3 公克
白胡椒粉……3 公克
紅椒粉……10 公克

做法

1. 新鮮香菇洗淨，切丁；蘑菇洗淨，切丁；西洋芹洗淨，切丁；新鮮巴西利洗淨，切碎，備用。
2. 把鍋燒熱，倒入 50 公克純橄欖油，將香菇丁、蘑菇丁、西洋芹丁一起炒香，加入百里香、香菇高湯，煮至軟爛，即可起鍋，放涼。
3. 將湯用果汁機攪打成泥湯，以鹽、白胡椒粉調味。
4. 用蒸氣機打發原味豆漿。
5. 將煮好的濃湯倒入咖啡杯中，加入打發好的豆漿泡泡，淋上 10 公克特級冷壓橄欖油，撒上紅椒粉，即可食用。

小叮嚀

- 如果家中沒有蒸氣機，可用電動打蛋器代替。

義大利的豆類料理很多，常可喝到不同種類豆子煮的豆子湯。
豆類料理營養豐富，容易具有飽足感。
看似簡單的一碗青豆仁湯，其實已充滿了多種營養成分。

Soup・07

青豆仁湯

材料

青豆仁……200 公克
西洋芹……50 公克
馬鈴薯……100 公克
新鮮巴西利……10 公克
奧力岡葉……5 公克
百里香……3 公克
蔬菜高湯……500 公克
原味豆漿……150 公克

調味料

鹽……10 公克
糖……10 公克
白胡椒粉……5 公克

做法

1 青豆仁洗淨；西洋芹洗淨，切丁；馬鈴薯洗淨去皮，切丁；新鮮巴西利洗淨，切碎，備用。
2 把鍋燒熱，倒入 50 公克純橄欖油，將巴西利碎、青豆仁、西洋芹丁、馬鈴薯丁、奧力岡葉、百里香一起炒香，加入蔬菜高湯，煮 30 分鐘，煮至豆子熟透，即可起鍋。
3 熱湯用果汁機攪打成泥湯，回鍋後，加入 100 公克原味豆漿，煮至香濃。將煮好的湯以鹽、糖、白胡椒粉調味後，即可起鍋。
4 用蒸氣機打發 50 公克原味豆漿。
5 青豆仁湯加入一點打發的豆漿泡泡與青豆仁做裝飾，即可食用。

小叮嚀

- 有些人不太喜歡豆腥味，所以也不太喜歡豆類湯品。通常只要先用加鹽滾水汆燙過豆類，就可以避免豆腥味了。
- 豆漿在烹調時，很容易黏鍋產生焦味，所以要小心火力的調整。可以選用厚底的鍋子做料理，比較不容易黏鍋。

清湯是湯類中口感清爽且滋味深遠的一品，
它需要細心與耐心，才能慢慢熬煮出蔬菜的鮮甜味。
這道湯看似簡單平凡，但是喝起來卻是威力無窮，
能補充人的元氣活力。

Soup・08

蔬菜絲清湯

材料

牛番茄……500 公克
紅蘿蔔……50 公克
西洋芹……50 公克
白蘿蔔……50 公克
櫛瓜……50 公克
蔬菜高湯……1000 公克

調味料

白胡椒粉……3 公克
鹽……10 公克
糖……5 公克

做法

1. 牛番茄洗淨，切塊，以少許鹽抓揉出水；紅蘿蔔洗淨去皮；西洋芹洗淨；白蘿蔔洗淨去皮；櫛瓜洗淨去皮，備用。
2. 取一鍋，倒入蔬菜高湯，加入牛番茄塊，以大火煮滾後，改以小火，慢煮 1 小時，濾除所有材料，即是番茄清湯。
3. 將紅蘿蔔、西洋芹、白蘿蔔、櫛瓜切成 0.1 x 0.1 x 5 立方公分的長條狀，加入煮好的番茄清湯一起快煮，煮時要撈起湯表面的浮渣。以白胡椒粉、鹽、糖調味後，即可起鍋。
4. 淋上 30 公克特級冷壓橄欖油，即可食用。

小叮嚀

- 蔬菜絲也可以使用刨絲器，代替用刀切絲。
- 煮清湯時，千萬不要全程都以大火快滾，湯滾沸後，要改以小火慢煮，才能煮出看似清澈，其實口味豐富的好滋味。

義大利人與中國人一樣，吃飯時也喜歡喝湯，
但是他們習慣在餐前喝湯，而中國人則是在餐後喝湯。
冬天喝熱湯可以暖胃，夏天喝冷湯則可以開胃。
炎夏時胃口不佳，喝冷湯可以促進食欲，消除暑熱。

Soup・09

小黃瓜冷湯

材料

小黃瓜……100 公克
法國麵包……40 公克
西洋芹……40 公克
白蘿蔔……20 公克
青椒……50 公克
蔬菜高湯……500 公克
氣泡水……1 瓶

調味料

海鹽……10 公克
糖……5 公克

做法

1. 小黃瓜洗淨去子，切長條;西洋芹洗淨，切大塊;白蘿蔔洗淨去皮，切大塊；青椒洗淨去子，切大塊，備用。
2. 預留一長條小黃瓜，將其他小黃瓜條連同法國麵包、西洋芹塊、白蘿蔔塊、青椒塊、蔬菜高湯，放入果汁機攪打成泥，以 10 公克特級冷壓橄欖油、海鹽、糖調味，放入冰箱冷藏，即是冷湯。
3. 將冷湯從冰箱取出，加入氣泡水。
4. 取一個小酒杯，倒入冷湯，將預留的小黃瓜條做成裝飾，即可食用。

小叮嚀

- 由於冷湯多半為不再加熱的料理，所以在製作過程時，要特別注意衛生問題。
- 氣泡水加入冷湯的方式有兩種，一種是和冷湯攪拌均勻，另一種是直接加入不做攪拌，後者可保持氣泡水的氣泡，讓冷湯喝起來的口感非常活潑有勁。

冷湯的味道通常會比較清淡爽口，喝起來有點像果菜汁，
但是鹹味的冷湯風味變化比果菜汁多。
可以試著增加不同的食材來豐富味道，例如添加豆漿讓口感更柔和，減少澀味，
添加奧力岡、百里香或薄荷香料，則可讓香氣更迷人。
附上麵包薄片或撒上麵包屑，更可以讓湯汁變得濃稠。

Soup・10

馬鈴薯冷湯

材料

馬鈴薯……200 公克
西洋芹……40 公克
白蘿蔔……20 公克
法國麵包……1 片
蔬菜高湯……500 公克
原味豆漿……100 公克
奧力岡葉……5 公克
百里香……3 公克

調味料

鹽……少許
豆蔻粉……少許

做法

1. 馬鈴薯洗淨去皮，切丁；西洋芹洗淨，切丁；白蘿蔔洗淨去皮，切丁；法國麵包切薄片，備用。
2. 把鍋燒熱，倒入 30 公克純橄欖油，將馬鈴薯丁、西洋芹丁、白蘿蔔丁、奧力岡葉、百里香一起炒香，加入蔬菜高湯，煮 30 分鐘，煮至馬鈴薯熟透，即可起鍋。
3. 熱湯用果汁機攪打成泥湯，回鍋後，加入原味豆漿、豆蔻粉，煮至香濃，以鹽調味，即可起鍋。放涼，放入冰箱冷藏，即是冷湯。
4. 用蒸氣機打發原味豆漿。
5. 冷湯從冰箱取出，以打發的豆漿泡泡、法國麵包薄片做裝飾，即可食用。

小叮嚀

- 冷湯因有多種蔬果食材，不但熱量低，又含有豐富的纖維質和維生素，非常健康美味。食欲不振時，可以喝冷湯開胃，再搭配上麵包，就能有飽足感。

CHAPTER 3　麵食

Pasta

Italian Vegan Cuisine

義大利麵有三種基本醬汁：紅醬、白醬與青醬，其中的紅醬便是番茄醬汁。
不同品種的番茄，做出來的醬汁，濃淡味道也不同。
牛番茄做的成品，味道較為清淡甜美；小番茄做的成品，味道較為清新高雅；
番茄糊做出的成品，則味道較濃厚，而且酸度也較重。
烹調時，可以用糖來調整醬汁風味，並且要注意攪拌醬汁，
以避免黏鍋燒焦，紅醬變成黑醬了。

Pasta・01

番茄義大利麵

材料

細扁麵……75 公克
番茄……2 顆
番茄糊……10 公克
西洋芹……50 公克
月桂葉……1 片
奧力岡葉……5 公克
百里香……5 公克
蔬菜高湯……100 公克
新鮮九層塔……10 公克
新鮮巴西利……2 公克

調味料

鹽……5 公克
糖……60 公克

做法

1. 番茄洗淨切塊，拌入少許百里香、鹽、糖；西洋芹洗淨，切碎；新鮮九層塔洗淨；新鮮巴西利洗淨，備用。
2. 細扁麵煮至五分熟，撈起瀝乾盛盤。
3. 把鍋燒熱，倒入 10 公克純橄欖油，炒香西洋芹碎、月桂葉，再加入番茄糊、鹽、糖、奧力岡葉、百里香，一起煮滾，即是番茄醬汁。
4. 把鍋燒熱，倒入 20 公克純橄欖油，炒香番茄塊、九層塔，加入細扁麵拌炒，再加入番茄醬汁、蔬菜高湯一起煮至收汁。
5. 撒上巴西利葉，拌入 5 公克特級冷壓橄欖油，即可起鍋。

小叮嚀

- 義大利麵只要煮至五分熟，留有麵芯，以免炒麵時易軟爛。
- 煮義大利麵要煮至收汁，讓麵條充分吸收醬汁，盛盤後的盤底只有油，沒有湯湯水水的多餘湯汁，這才是道地的義大利麵做法。
- 九層塔如能改用甜羅勒，風味更佳，九層塔味道辛辣強烈，甜羅勒則較溫和，帶有甜味。
- 如果新鮮的巴西利不易取得，可以改用乾燥香料。奧力岡、百里香等乾燥香料，也可直接以義大利綜合香料取代。
- 番茄所使用的醃料，由於每人口味不同，可自行調整。通常用量為：百里香 5 公克、鹽 3 公克、糖 3 公克。

有些人不太愛吃青豆，特別是挑食的小朋友。
將青豆打成豆泥，可以避免小朋友先入為主的既定印象，因為看不到整顆的豆子，
所以很容易就可以把吃營養的青豆義大利麵，整盤吃光光。

Pasta・02

青豆義大利麵

材料

蝴蝶麵……150 公克
小番茄……4 顆
青豆仁……200 公克
西洋芹……50 公克
新鮮九層塔……10 公克
新鮮巴西利……5 公克
奧力岡葉……3 公克
百里香……3 公克
蔬菜高湯……500 公克
原味豆漿……200 公克
新鮮薄荷……3 公克

調味料

鹽……5 公克
糖……10 公克
白胡椒粉……3 公克

做法

1. 小番茄洗淨，用小刀劃十字，以滾水汆燙 15 秒後，冰鎮去皮，瀝乾水分；青豆仁洗淨；西洋芹洗淨，切碎；新鮮九層塔洗淨，切絲；新鮮巴西利洗淨，切碎；新鮮薄荷洗淨，預留一朵做裝飾，其他切絲，備用。
2. 蝴蝶麵煮至五分熟，撈起瀝乾盛盤。
3. 把鍋燒熱，倒入 10 公克純橄欖油，炒香青豆仁、西洋芹碎、巴西利碎、奧力岡葉、百里香，再加入蔬菜高湯，以大火煮滾。青豆仁煮透後，加入原味豆漿，即可起鍋。
4. 熱湯用果汁機攪打成泥湯，以鹽、糖、白胡椒粉調味，即是青豆仁醬汁。
5. 把鍋燒熱，倒入 10 公克純橄欖油，加入少許青豆仁、小番茄、九層塔絲、薄荷絲，再加入蝴蝶麵、青豆仁醬汁，一起煮至收汁，讓麵條沾附醬汁，撒上薄荷做裝飾，即可起鍋。

小叮嚀

- 這道麵要掌握烹調的時間，避免久煮而使得豆泥顏色變得較為暗沉，失去美觀。

南瓜是非常健康美味的優質食材，
而且不論是做中式料理或西式料理，料理的變化性都很高，
涼拌、清蒸、燉飯、煮湯……，通通都很美味。
這裡介紹的是家常的做法，
方便大家可以常常烹煮與家人分享。

Pasta · 03

南瓜醬汁義大利麵

材料

螺旋麵……150公克
南瓜……200公克
西洋芹……30公克
新鮮香菇……30公克
鮑魚菇……30公克
新鮮巴西利……3公克
奧力岡葉……3公克
百里香……1公克
蔬菜高湯……300公克
原味豆漿……100公克
新鮮法國香菜……1朵

調味料

鹽……10公克
糖……10公克
白胡椒粉……3公克

做法

1. 南瓜洗淨去皮，切大丁;新鮮香菇洗淨，切片;鮑魚菇洗淨，切片，炒熟；新鮮巴西利洗淨，切碎；西洋芹洗淨，切碎；新鮮法國香菜洗淨，備用。
2. 螺旋麵煮至五分熟，撈起瀝乾盛盤。
3. 把鍋燒熱，倒入10公克純橄欖油，炒香南瓜丁、西洋芹碎、巴西利碎、奧力岡葉、百里香，再加入蔬菜高湯，以大火煮滾。南瓜丁煮透後，加入原味豆漿，即可起鍋。
4. 熱湯用果汁機攪打成泥湯，以鹽、糖、白胡椒粉調味，即是南瓜醬汁。
5. 把鍋燒熱，倒入10公克純橄欖油，加入少許南瓜丁與香菇片一起炒香，再加入螺旋麵、南瓜醬汁，一起煮至收汁，讓麵條沾附醬汁，放上鮑魚菇，撒上法國香菜做裝飾，即可起鍋。

小叮嚀

- 南瓜的品種很多，風味也不同，可自由挑選喜歡的南瓜。挑選時，要選外觀完整，而且手感重者為佳。
- 烹調南瓜時，可以加入一點點的薑末，讓南瓜變得更美味。

白醬是義大利麵的基本醬汁，由於純素料理不使用奶油與鮮奶，
所以有很多不同的其他做法，有的人會以麵粉、橄欖油調製白醬，
這裡採用玉米粉調水的簡便做法，
讓大家可以輕鬆完成白醬鮮菇義大利麵，快速享用。

Pasta · 04

白醬鮮菇義大利麵

材料

鳥巢麵……150 公克
新鮮香菇……30 公克
秀珍菇……30 公克
杏鮑菇……30 公克
奧力岡葉……2 公克
百里香……2 公克
新鮮巴西利……1 公克
原味豆漿……100 公克
香菇高湯……300 公克
新鮮法國香菜……1 朵

調味料

玉米粉……5 公克
鹽……10 公克
糖……20 公克
白胡椒粉……3 公克

做法

1. 新鮮香菇洗淨，切片；秀珍菇洗淨；杏鮑菇洗淨，切片；新鮮巴西利洗淨，切碎；新鮮法國香菜洗淨，備用。
2. 鳥巢麵煮至五分熟，撈起瀝乾盛盤。
3. 把鍋燒熱，倒入 10 公克純橄欖油，炒香香菇片、秀珍菇、杏鮑菇片、巴西利碎、奧力岡葉、百里香，再加入香菇高湯，以大火煮滾。
4. 玉米粉以少許水調開為芡汁，倒入煮滾的湯，煮至濃稠，以鹽、糖、白胡椒粉調味，即是白醬鮮菇醬汁。
5. 把鍋燒熱，倒入 20 公克純橄欖油，加入鳥巢麵、白醬鮮菇醬汁，一起煮至收汁，讓麵條沾附醬汁，撒上法國香菜做裝飾，即可起鍋。

小叮嚀

- 在勾芡時，可以分次加入少許的芡汁，直至適合的濃稠度，如此可以避免一次放入過量，使得醬汁過於濃稠，影響口感。

臺灣由於使用九層塔比使用甜羅勒方便，
價格也便宜許多，所以青醬通常都以九層塔調製。
義大利當地是使用甜羅勒調製青醬，
甜羅勒的味道比較柔和清香，不似九層塔氣味強烈濃厚。

Pasta・05

青醬義大利麵

材料

直麵……150 公克
馬鈴薯……150 公克
麵包丁……30 公克
新鮮九層塔……100 公克
烤熟松子……40 公克

調味料

鹽……3 公克
糖……10 公克
黑胡椒碎……3 公克

香料橄欖油

純橄欖油……30 公克
百里香……3 公克
黑胡椒碎……2 公克
鹽……2 公克

做法

1. 馬鈴薯洗淨去皮，切丁，用水煮 8 分鐘後，油炸至金黃上色；麵包丁拌入香料橄欖油，放入烤箱，用 100 度烘烤 15 分鐘；新鮮九層塔洗淨，預留 5 公克切絲，備用。
2. 直麵以滾水煮熟，撈起瀝乾盛盤。
3. 九層塔、松子、鹽、糖、黑胡椒碎，以及 200 公克純橄欖油，用果汁機攪打成泥，即是松子青醬。
4. 取一個木盆，將直麵倒入木盆內，拌入松子青醬，撒上馬鈴薯丁、麵包丁、九層塔絲，以及少許松子，即可食用。

小叮嚀

- 直麵形狀細長如繩，種類很多，如天使麵、細扁麵皆屬之，可就個人喜好做選購。
- 如果拌麵時，麵條太乾，可以加入一點煮麵水。
- 收藏青醬時，可以加入橄欖油，讓橄欖油蓋過青醬表面，以減少空氣和青醬接觸，防止青醬遇空氣氧化變黑。

茄子是義大利常使用的食材，
不論是烤茄子或是做成茄子泥料理都很美味。
茄子泥的用途很多，可以抹在麵包或餅乾上當抹醬，
也可以當作一道開胃小點。

Pasta‧06

茄子泥義大利麵

材料

細扁麵……150公克
茄子……7條
西洋芹……30公克
松子……40公克
百里香……3公克
月桂葉……1片
蔬菜高湯……300公克
新鮮巴西利……3公克
新鮮九層塔……3公克
新鮮法國香菜……3朵

調味料

海鹽……3公克
糖……10公克

做法

1. 茄子洗淨；西洋芹洗淨，切碎；新鮮巴西利洗淨，切碎；新鮮九層塔洗淨，切碎；新鮮法國香菜洗淨，備用。
2. 細扁麵以滾水煮熟，撈起瀝乾盛盤。
3. 預留1條茄子後，將3條茄子放入烤盤，用火烤的方式，將表皮烤黑，再去皮；另3條放入烤箱，以180度烘烤15至20分鐘。將茄子烤爛後，去皮。
4. 把鍋燒熱，倒入30公克純橄欖油，炒香西洋芹碎、松子，加入烤茄子、蔬菜高湯、百里香、月桂葉、海鹽、糖，一起煮成泥醬。
5. 將預留的1條茄子切片，以高溫220度的油炸過保色，再拌入巴西利碎、九層塔碎，以及泥醬，即是茄子泥。
6. 取一鍋，放入茄子泥，拌入細扁麵，撒上一點松子，以法國香菜做裝飾即可。

小叮嚀

- 烹調茄子時，先以高溫過油，可以保持外觀鮮豔，以及避免在料理時出水。
- 茄子如不想油炸，也可改用油煎或汆燙，但是無法達到護色與增加香氣的效果。

咖哩的種類很多，可以挑選自己喜愛的口味。
咖哩不但非常適合燉煮，在食欲不振時，
煮咖哩料理也可以增進食欲。

Pasta・07

香料咖哩義大利麵

材料

蝴蝶麵……150 公克
紅蘿蔔……30 公克
馬鈴薯……50 公克
蔬菜高湯……150 公克
西洋芹……20 公克
百里香……3 公克
月桂葉……1 片
新鮮巴西利……3 公克
新鮮法國香菜……5 公克

調味料

咖哩粉……10 公克
海鹽……5 公克
糖……5 公克

做法

1. 紅蘿蔔洗淨去皮，切小丁;馬鈴薯洗淨去皮，切小丁;西洋芹洗淨，切小丁；新鮮巴西利洗淨，切碎；新鮮法國香菜洗淨，備用。
2. 蝴蝶麵以滾水煮熟，撈起瀝乾盛盤。
3. 把鍋燒熱，倒入 20 公克純橄欖油，以小火炒香咖哩粉，加入紅蘿蔔丁、馬鈴薯丁、西洋芹丁、巴西利碎，再加入蔬菜高湯、百里香、月桂葉、海鹽、糖，用大火煮滾後，轉小火，慢煮至蔬菜熟透，即是咖哩醬汁。
4. 取一鍋，倒入煮好的咖哩醬汁，拌入蝴蝶麵，開火讓麵略吸咖哩醬汁，最後撒上法國香菜做裝飾，即可起鍋。

小叮嚀

- 挑選咖哩粉時要留意，有些含有五辛成分，非素食食材。
- 炒香咖哩粉時，要注意火力調節，避免將咖哩粉炒焦。

美國有一家餐聽曾推出「地獄辣麵」比賽，號稱是全球最辣的義大利麵，
很少人挑戰成功，這些參賽者應該很少是義大利人。
義大利人不太吃辣，即使加了辣椒，也只是小辣程度而已，
不像很多中國人的飲食習慣是無辣不歡。
臺灣的義大利餐廳裡，辣味義大利麵也是很多人的首選。

Pasta・08

辣味義大利麵

材料

直麵……160 公克
新鮮香菇……10 公克
杏鮑菇……20 公克
辣椒……20 公克
百里香……3 公克
蔬菜高湯……100 公克
新鮮巴西利……2 公克

調味料

黑胡椒……2 公克
海鹽……3 公克
糖……3 公克

做法

1 新鮮香菇洗淨，切片；杏鮑菇洗淨，切片；辣椒洗淨，切片；新鮮巴西利洗淨，備用。
2 直麵煮至五分熟，撈起瀝乾盛盤。
3 把鍋燒熱，倒入 30 公克純橄欖油，炒香香菇片、杏鮑菇片，加入辣椒片、百里香、黑胡椒拌炒均勻，轉大火，拌炒約 10 秒，再加入蔬菜高湯。
4 加入直麵，拌炒至湯汁收乾，以海鹽、糖調味。
5 撒上巴西利葉，拌入 10 公克特級冷壓橄欖油，即可起鍋。

小叮嚀

- 用油爆香辣椒，可以讓辣味和香味有最完美的呈現。如果想要調整辣度，可以自行增減辣椒的使用量。

燉菜料理的特色，在於可以隨興利用手邊容易可取得的蔬菜，
或是根據季節及盛產期的不同，而有多樣的烹調變化。
西式燉煮蔬菜的重點，不在於繁複的技法，主要是為了呈現蔬菜本身的迷人滋味。
簡單原味，就是最好的味道。

Pasta · 09

燉菜義大利麵

材料

筆尖麵……150公克
番茄糊……10公克
紅蘿蔔……20公克
白蘿蔔……30公克
櫛瓜……30公克
茄子……30公克
西洋芹……30公克
百里香……3公克
蔬菜高湯……100公克
新鮮巴西利……2公克
新鮮九層塔……3公克
新鮮奧力岡……3公克

調味料

海鹽……3公克
糖……3公克

做法

1. 紅蘿蔔洗淨去皮，切小丁；白蘿蔔洗淨去皮，切小丁；櫛瓜洗淨，切小丁；茄子洗淨，切小丁；西洋芹洗淨，切小丁；新鮮巴西利洗淨，切碎；新鮮九層塔洗淨，切絲；新鮮奧力岡洗淨，備用。
2. 筆尖麵以滾水煮至五分熟，撈起瀝乾盛盤。
3. 把鍋燒熱，倒入30公克純橄欖油，炒香紅蘿蔔丁、白蘿蔔丁、櫛瓜丁、茄子丁、西洋芹丁，加入番茄糊、百里香，炒去蕃茄糊的酸味後，加入蔬菜高湯，以海鹽、糖調味。
4. 將筆尖麵加入燉菜中，吸收醬汁後，拌入巴西利碎與九層塔絲，以新鮮奧力岡做裝飾，即可起鍋。

小叮嚀

- 燉菜做好後，可以放置一晚再食用，讓所有的蔬菜和調味能夠充分融合，這是做燉菜的美味小要領。

很多人都吃過德式酸菜，但可能還未嘗過義式酸菜的滋味。
義式酸菜由於添加了蘋果和陳年醋，
所以酸味較德式酸菜溫和，而且果香味也比較香濃。
義式酸菜冷麵非常健康開胃，特別推薦給大家嘗鮮！

Pasta · 10

酸菜冷麵

材料

天使義大利麵……150公克
蘋果……200公克
高麗菜……200公克
蔬菜高湯……100公克
黃椒……30公克
杜松子……2顆
月桂葉……1片
新鮮九層塔……3公克

調味料

糖……30公克
陳年醋……40公克

做法

1. 蘋果洗淨去皮，取一片切小丁，其他切絲；高麗菜洗淨，切絲；黃椒洗淨去子，切絲；新鮮九層塔洗淨，切絲，備用。
2. 天使義大利麵以滾水煮熟，撈起瀝乾盛盤。
3. 把鍋燒熱，倒入30公克純橄欖油，炒香蘋果絲、高麗菜絲，再加入糖、陳年醋、杜松子、月桂葉、蔬菜高湯。將菜煮軟後，移入冰箱冰涼，即是酸菜。
4. 天使義大利麵過冰水冰鎮，瀝乾水分，拌入酸菜、黃椒絲、九層塔絲、蘋果丁，即可食用。

小叮嚀

- 選用綠色高麗菜比選用紫色高麗菜更適合做酸菜，因為綠色高麗菜甜度較高，做出的酸菜味道較可口。

陳年醋天使冷麵是夏天人氣最旺的義大利麵，
因為冰冰涼涼的冷麵，不只可以消除暑熱，
而且在拌入陳年醋後，更加酸香開胃，促進食欲。
陳年醋天使冷麵可說是夏天最佳的麵食選擇。

Pasta・11

陳年醋天使冷麵

材料

天使義大利麵……150 公克
紅椒……30 公克
檸檬……1 顆
小番茄……4 顆
新鮮九層塔……3 公克

調味料

陳年醋……40 公克
糖……3 公克
鹽……3 公克

做法

1. 紅椒洗淨去子，切絲；小番茄洗淨，用小刀劃十字，以滾水汆燙15 秒後，冰鎮去皮，瀝乾水分，切塊，拌入少許鹽、糖；檸檬洗淨，用刨絲器取皮的絲，再對剖，擠汁；新鮮九層塔洗淨，備用。
2. 天使義大利麵以滾水煮熟，撈起瀝乾盛盤。
3. 天使義大利麵過冰水冰鎮，瀝乾水分，拌入 5 公克特級冷壓橄欖油、陳年醋，淋上適量檸檬汁，用鹽、糖調整酸味，再拌入小番茄塊、紅椒絲，以九層塔、檸檬皮絲做裝飾，即可食用。

小叮嚀

- 麵條放入冰水中冰鎮後，待麵一涼，就要迅速撈起，以避免麵條浸泡水中過久，會失去麵香。

很多人第一次吃到義式麵疙瘩都感到非常驚豔，因為它添加了馬鈴薯，
所以吃起來的口感不但彈牙，而且超乎想像的柔軟滑順。
義式麵疙瘩能夠充分吸收醬汁的精華，
所以不只口感佳，風味也相當濃郁。

Pasta‧12

番茄蔬菜麵疙瘩

材料

馬鈴薯……400 公克
高筋麵粉……400 公克
番茄……20 公克
西洋芹……20 公克
茄子……20 公克
新鮮香菇……20 公克
櫛瓜……20 公克
蔬菜高湯……50 公克
番茄醬汁……100 公克
新鮮九層塔……3 公克
新鮮百里香……1 支

調味料

豆蔻粉……1 公克
黑胡椒粉……1 公克
鹽……1 公克

做法

1. 馬鈴薯洗淨去皮；番茄洗淨去皮，切丁；西洋芹洗淨去皮，切丁；茄子洗淨，切丁；新鮮香菇洗淨，切丁；櫛瓜洗淨，切丁；新鮮九層塔洗淨，切絲；新鮮百里香洗淨，備用。
2. 馬鈴薯煮熟，攪拌成薯泥，拌入 20 公克水，以及高筋麵粉、豆蔻粉、鹽，揉成柔軟的麵糰，若麵糰太黏，可以用少許的麵粉調整。
3. 將麵糰搓成長條型，切小片，用叉子的叉背在每一小片麵片上，壓出紋路，即是麵疙瘩。
4. 取一鍋，倒入 1/2 鍋冷水，加入少許鹽，開大火煮滾，將麵疙瘩放入滾水煮熟，即可取出，瀝乾水分。(製作細節請參考本書 16 頁示範圖片)
5. 把鍋燒熱，倒入 30 公克純橄欖油，炒香番茄丁、西洋芹丁、茄子丁、香菇丁、櫛瓜丁，倒入番茄醬汁與蔬菜高湯，再加入麵疙瘩，以黑胡椒粉調味。
6. 撒上九層塔絲，拌入 5 公克特級冷壓橄欖油，以新鮮百里香做裝飾，即可起鍋。

小叮嚀

- 揉製麵糰時，可在桌面撒上一些麵粉當手粉，防止沾黏。
- 番茄醬汁做法，可參考本書 64 頁。

CHAPTER 4　燉飯

Risotto

Italian Vegan Cuisine

陳年醋蘆筍燉飯的風味迷人，充滿春天的氣息。
陳年醋可增加蔬菜的甜味，
讓燉飯吃起來的味道，更香甜可口。

Risotto · 01

陳年醋蘆筍燉飯

材料

義大利米……50 公克
蘆筍……50 公克
櫛瓜……50 公克
香菇高湯……500 公克
原味豆漿……100 公克
新鮮巴西利……5 公克

調味料

陳年醋……30 公克
鹽……5 公克
白胡椒粉……3 公克

做法

1. 蘆筍洗淨，預留一半切小丁，另一半切段，汆燙；櫛瓜洗淨，切小丁；新鮮巴西利洗淨，切碎，備用。
2. 把鍋燒熱，倒入 30 公克純橄欖油，將蘆筍丁、櫛瓜丁拌炒均勻，淋上陳年醋一起炒香，再加入義大利米拌炒，開大火，炒至米粒表面有點金黃上色。
3. 鍋內倒入香菇高湯、原味豆漿，拌入巴西利碎，以鹽、白胡椒粉調味，拌入 5 公克特級冷壓橄欖油，米粒煮至九分熟，即可起鍋。
4. 最後淋上少許陳年醋，以蘆筍段做裝飾，即可食用。

小叮嚀

- 義大利米也可用臺灣米代替，宜選用長米，但由於兩種米的特質不同，口感也大為不同，臺灣米煮起來較似稀飯，義大利米則是粒粒分明，不會糊爛，吃起來較具彈性。用義大利米煮的道地 Risotto，由於米粒充分吸收高湯精華，味道非常濃稠。
- 義式燉飯與中式煮飯方法不同，不要預先用水浸泡米粒，以免米粒難以裹上油膜，生米直接入鍋料理即可。米粒煮至約九分熟即可，留有米心，更有咬勁。如果不想要有米心口感的話，也可以煮至全熟。
- 豆漿不但可以調整飯的乾、濕度，而且可讓口味更香濃。

南瓜燉飯是許多人的最愛，
香甜可口的南瓜，特別受孩子們的喜愛。
也可以加煮南瓜濃湯，就變成南瓜小套餐了。

Risotto • 02

南瓜燉飯

材料

義大利米……50公克
南瓜……300公克
蔬菜高湯……500公克
原味豆漿……100公克
西洋芹……30公克
新鮮香菇……50公克
奧力岡葉……2公克
百里香……1公克
新鮮巴西利……1公克
新鮮法國香菜……5公克

調味料

鹽……5公克
糖……10公克
白胡椒粉……3公克

做法

1 南瓜洗淨去皮，切大丁後，取其中幾塊切小丁；新鮮香菇洗淨，切丁，炒熟；西洋芹洗淨，切碎；新鮮巴西利洗淨，切碎；新鮮法國香菜洗淨，切碎，備用。
2 把鍋燒熱，倒入30公克純橄欖油，炒香西洋芹碎、巴西利碎、奧力岡葉、百里香，再放進蔬菜高湯，開大火，煮滾。
3 另取一鍋，將南瓜蒸至熟透，加入原味豆漿煮滾，取出南瓜湯，用果汁機攪打成泥湯，以鹽、糖、白胡椒粉調味，即是南瓜醬汁。
4 重熱油鍋，倒入20公克純橄欖油，開大火，將米炒香後，加入煮好的蔬菜湯與南瓜小丁、香菇丁，再加入南瓜醬汁，米粒煮至九分熟，即可起鍋。
5 最後撒上法國香菜碎，即可食用。

小叮嚀

- 可以將南瓜放在太陽下自然曝曬，陽光可以讓南瓜的水分自然減低，會因此增加甜味。

香芋燉飯口感鬆軟，味道香濃，特別適合老人家食用。
如果家裡長輩不習慣西式飲食，不妨從這道料理開始嘗鮮！

Risotto・03

香芋燉飯

材料

義大利米……50公克
芋頭……300公克
西洋芹……2公克
新鮮巴西利……2公克
奧力岡葉……2公克
百里香……1公克
蔬菜高湯……700公克
原味豆漿……100公克
小番茄……30公克
新鮮法國香菜……3朵

調味料

糖……10公克
鹽……5公克
白胡椒粉……3公克

做法

1 芋頭洗淨去皮，將4/5粒切大丁，1/5粒切小丁；小番茄洗淨，用小刀劃十字，以滾水氽燙15秒後，冰鎮去皮，瀝乾水分，切丁；西洋芹洗淨，切碎；新鮮巴西利洗淨，切碎；新鮮法國香菜洗淨，備用。
2 把鍋燒熱，倒入30公克純橄欖油，將芋頭大丁、西洋芹碎、巴西利碎、奧力岡葉、百里香炒香，倒入200公克蔬菜高湯，開大火，煮滾。
3 芋頭湯的芋頭煮透後取出，加入原味豆漿，用果汁機攪打成泥湯，以糖、鹽、白胡椒粉調味，即是芋頭醬汁。
4 重熱油鍋，倒入20公克純橄欖油，開大火，將義大利米炒香，炒至米粒表面有點金黃上色後，倒入500公克蔬菜高湯，加入拌炒，加入芋頭小丁與芋頭醬汁，米粒煮至九分熟，即可起鍋。
5 以法國香菜、小番茄丁做裝飾，即可食用。

小叮嚀

- 有些人處理芋頭會皮膚發癢，建議在採購時，可先請店家幫忙處理去皮。如果在自行處理時皮膚發癢，可將雙手在爐火上略為烘烤。

蘑菇燉飯幾乎是所有餐廳燉飯中，最受歡迎的一品，
因為它擁有迷人的特殊香氣。
菇類的特殊香氣味，能讓平凡的米飯產生驚豔的變身效果。

Risotto・04

蘑菇燉飯

材料

義大利米……50 公克
蘑菇……50 公克
西洋芹……30 公克
新鮮香菇……50 公克
香菇高湯……500 公克
百里香……5 公克
原味豆漿……100 公克
新鮮巴西利……5 公克
新鮮百里香……1 支

調味料

鹽……5 公克
白胡椒粉……3 公克

做法

1. 蘑菇洗淨，切丁；新鮮香菇洗淨，切丁；西洋芹洗淨，切丁；新鮮巴西利洗淨，切碎；新鮮百里香洗淨，備用。
2. 把鍋燒熱，倒入 50 公克純橄欖油，將蘑菇丁、香菇丁、西洋芹丁炒香，再加入義大利米拌炒，開大火，炒至米粒表面有點金黃上色後，倒入香菇高湯、百里香，米粒煮至九分熟，加入原味豆漿，以鹽、白胡椒粉調味。
3. 撒上巴西利碎，拌入 5 公克特級冷壓橄欖油，以百里香做裝飾，即可起鍋。

小叮嚀

- 在炒菜時，一定要把菇類的香氣在鍋裡炒香，燉飯才會有迷人的香味。

通常紅椒不是用於做生菜沙拉涼拌菜，便是做為熱炒配菜，
這次採用烤法，希望提供另一種義大利風味料理方法。
烤焦的紅椒會帶有特殊的煙燻味，讓人一吃難忘。

Risotto · 05

紅椒四季豆燉飯

材料

義大利米……50 公克
紅椒……2 粒
四季豆……30 公克
蘑菇……50 公克
新鮮香菇……50 公克
香菇高湯……700 公克
原味豆漿……100 公克
新鮮巴西利……5 公克

調味料

鹽……5 公克
白胡椒粉……3 公克

做法

1. 紅椒洗淨；四季豆洗淨，切丁；蘑菇洗淨，切丁；新鮮香菇洗淨，切丁；新鮮巴西利洗淨，切碎，備用。
2. 將紅椒置於鐵盤上，放入烤箱，用 220 度烘烤 20 分鐘，烤至表皮焦黑後，即可取出，以清水洗除焦黑表皮，切丁。
3. 把鍋燒熱，倒入 30 公克純橄欖油，將紅椒丁炒香，倒入 200 公克香菇高湯，煮至紅椒軟爛，取出，用果汁機攪打成汁。
4. 重熱油鍋，倒入 20 公克純橄欖油，將香菇丁、蘑菇丁、四季豆丁炒香後，加入義大利米拌炒，開大火，炒至米粒表面有點金黃上色後，倒入 500 公克香菇高湯、紅椒汁，米粒煮至九分熟，加入原味豆漿，以鹽、白胡椒粉調味。
5. 撒上巴西利碎，拌入 5 公克特級冷壓橄欖油，即可起鍋。

小叮嚀

- 如果家中無烤箱，也可將紅椒直接置於爐上，烤至表皮焦黑即可。

茶燻有點像是為食物噴上香水的效果，
設計的動機是希望以煙燻的做法，讓燉飯增添變化，
以煙燻的香氣搭配菇類可說是絕佳組合。
茶燻可讓食物吃起來有淡淡的茶香，煙燻材料有多種不同配法，
有的人會放入蘋果木煙燻，增加果香味。

Risotto・06

茶燻杏鮑菇燉飯

材料

義大利米……50 公克
茶葉……20 公克
杏鮑菇……100 公克
中筋麵粉……30 公克
原味豆漿……100 公克
蘑菇……50 公克
紅蘿蔔……30 公克
新鮮香菇……50 公克
香菇高湯……500 公克
新鮮巴西利……5 公克
錫箔紙……1 張
鐵網……1 個

調味料

糖……20 公克
鹽……5 公克
白胡椒粉……3 公克

做法

1. 杏鮑菇洗淨，取一支切片，烤熟，其餘切丁；蘑菇洗淨，切丁；紅蘿蔔洗淨，切丁；新鮮香菇洗淨，切丁；新鮮巴西利洗淨，切碎，備用。
2. 取一鐵鍋，以錫箔紙鋪於鍋底，將茶葉、中筋麵粉、糖一起拌勻，倒在錫箔紙上，再墊上鐵網，以讓燻茶產生的煙能完整燻製杏鮑菇。
3. 開小火，蓋上鍋蓋，乾燒燻茶料，看見鍋蓋邊緣冒黃煙，約 10 秒鐘便可打開鍋蓋，將杏鮑菇片置於鐵網上，蓋上鍋蓋，燻 5 分鐘，即可取出茶燻杏鮑菇片。
4. 把鍋燒熱，倒入 50 公克純橄欖油，將杏鮑菇丁、香菇丁、蘑菇丁、紅蘿蔔丁，加入義大利米拌炒，開大火，炒至米粒表面有點金黃上色後，倒入香菇高湯，米粒煮至九分熟，加入原味豆漿，以鹽、白胡椒粉調味。
5. 撒上巴西利碎，拌入 5 公克特級冷壓橄欖油，放上茶燻杏鮑菇片，即可起鍋。

小叮嚀

- 如果家中有煙燻機，也可以用於燻製杏鮑菇。茶葉種類不拘，烏龍茶、包種茶或是紅茶皆可。

青花椰菜原產地為義大利，現已普及全球，為東西方餐桌上的常客。
青花椰菜與白花椰菜在東方料理上，最常見的料理方式是熱炒，
西方的變化手法較多，可以煮濃湯、燉菜，也可以做成點心。

Risotto・07

青白花椰菜燉飯

材料

義大利米……50 公克
青花椰菜……70 公克
白花椰菜……70 公克
香菇高湯……500 公克
原味豆漿……100 公克
新鮮巴西利……5 公克

調味料

鹽……5 公克
白胡椒粉……3 公克
青醬……1 大匙

做法

1. 青花椰菜、白花椰菜洗淨，切小朵;新鮮巴西利洗淨，切碎，備用。
2. 把鍋燒熱，倒入 50 公克純橄欖油，將青花椰菜及白花椰菜一同炒香，再加入義大利米拌炒，開大火，炒至米粒表面有點金黃上色後，倒入香菇高湯，米粒煮至九分熟，加入原味豆漿，以鹽、白胡椒粉調味。
3. 撒上巴西利碎，拌入青醬，即可起鍋。

小叮嚀

- 花椰菜容易藏有小菜蟲，建議可於清洗前，先用鹽水浸泡，比較容易清洗乾淨。

雞豆的別名很多，例如鷹嘴豆、雪蓮子、埃及豆，
由於它具有遠超過其他豆類優越的營養成分與含量，所以被稱為「豆中之王」。
雞豆料理是西方常見的家常菜，雞豆泥不論是做燉飯，
或是做為點心餡料，都非常受歡迎。

Risotto・08

野蔬雞豆燉飯

材料

義大利米……50 公克
雞豆……150 公克
香菇高湯……700 公克
蘑菇……50 公克
黃櫛瓜……20 公克
綠櫛瓜……20 公克
紅蘿蔔……30 公克
月桂葉……1 片
原味豆漿……100 公克
新鮮巴西利……5 公克

調味料

鹽……5 公克
白胡椒粉……3 公克

做法

1. 雞豆洗淨，用水浸泡一晚；蘑菇洗淨，切丁；黃櫛瓜洗淨，切丁；綠櫛瓜洗淨，切丁；紅蘿蔔洗淨去皮，切丁；新鮮巴西利洗淨，切碎，備用。
2. 把鍋燒熱，倒入 40 公克純橄欖油，將 100 公克雞豆炒香，倒入 200 公克香菇高湯，加入月桂葉，煮至雞豆熟爛。
3. 熱湯用果汁機攪打成雞豆泥。
4. 重熱油鍋，倒入 50 公克純橄欖油，將蘑菇丁炒至呈金黃色後，加入 50 公克雞豆，以及黃櫛瓜丁、綠櫛瓜丁、紅蘿蔔丁一起炒香，再加入義大利米一起拌炒，開大火，炒至米粒表面有點金黃上色後，倒入 500 公克香菇高湯、雞豆泥，米粒煮至九分熟，加入原味豆漿，以鹽、白胡椒粉調味。
5. 撒上巴西利碎，拌入 5 公克特級冷壓橄欖油，即可起鍋。

小叮嚀

- 製作雞豆泥時，要小心攪拌，以免熱湯濺出燙傷，或也可以等放涼後，再做處理。

CHAPTER 5 甜點

Dessert

Italian Vegan Cuisine

這道點心的發想來自於巧克力火鍋（Chocolate Fondue），
在加入米後，不但吃起來會帶有迷人的米香，
也可增加巧克力醬的濃稠度，讓水果更容易沾附巧克力米香醬。

Dessert・01

米香巧克力水果杯

材料

巧克力磚……200公克
米……40公克
原味豆漿……100公克
柿子……100公克
棗子……100公克
櫻桃……100公克
草莓……100公克

調味料

糖……200公克
香草豆莢……5公克
豆蔻粉……2公克
糖絲……少許

做法

1. 將米洗淨，以水浸泡半小時，煮熟；柿子洗淨去皮，切大丁；棗子洗淨去子，切大丁；櫻桃洗淨；草莓洗淨，備用。
2. 將煮好的飯放入果汁機，加入巧克力磚、糖、香草豆莢、豆蔻粉、原味豆漿，攪打成米香巧克力醬。
3. 將所有的水果裝入杯內，放上糖絲做裝飾。
4. 將水果沾上米香巧克力醬，即可食用。

小叮嚀

- 米用蓬萊米或再來米皆可，不用使用義大利米。
- 水果使用當季水果即可，沾食米香巧克力醬，可讓水果風味更美味。
- 使用香草豆莢的主要目的是為增加香氣，可至烘焙行選購。有些人不喜歡香草的味道，是因為一般點心使用的是化學的香草精，氣味不佳，天然的香草豆莢香氣非常清新迷人。香草豆莢的保存方法為，將買來的香草豆莢加入糖，不必煮也不必切段，直接以容器密封，要用時再取出即可。
- 糖絲的主要功能為做裝飾，放不放皆可。糖絲的做法不困難，取一鍋，加入200公克糖與30公克水，煮成金黃色糖膏後，在桌上鋪上白紙，用叉子沾糖膏，左右來回快速甩動，即可做出糖絲。

香甜可口的米布丁，是大人小孩都喜歡的超人氣點心。
米布丁不但做法簡單，而且熱食或冷食都很美味。

Dessert・02

焦糖米布丁

材料

米……150公克
糖……130公克
原味豆漿……250公克
葡萄乾……10公克
新鮮薄荷……5公克

調味料

洋菜粉……10公克

做法

1. 將米洗淨，以水浸泡半小時；新鮮薄荷洗淨，備用。
2. 冷鍋開中火，加入100公克糖，將糖燒至褐黃上色，表面冒出約直徑2公分的泡泡狀，再加入60公克熱水，煮至成糖漿狀，即是焦糖醬。
3. 取一鍋，放入米與200公克水，煮約5至8分鐘，加入原味豆漿，將火轉至最小火，繼續煮30至40分鐘，煮時加入原味豆漿調整濃稠度，最後加入30公克糖、洋菜粉、葡萄乾，即可起鍋。
4. 將米漿倒入模具，放入烤箱，用250度烘烤20至25分鐘，烤至表面呈咖啡色即可。
5. 淋上焦糖醬，以薄荷做裝飾，即可食用。

小叮嚀

- 米用蓬萊米或再來米皆可，不一定要使用義大利米。在煮米的過程中，要不斷攪拌，避免鍋底燒焦。如果太濃稠而難以攪拌時，加入原味豆漿調整，於起鍋前幾分鐘，再加入糖、洋菜粉及葡萄乾即可。
- 米漿可用烤皿或小陶鍋盛裝。
- 烤的功能有三個：一是幫助布丁定型，二是讓調味的味道充分與米融合，三是增加香味。
- 米布丁烤好後，可直接熱食，或是放涼後，放入冰箱冷藏一天再食用。冷藏一天後，米布丁整體的風味會融合得更好。
- 如果家裡有吃不完的麵包，也可以把米換成麵包，變成惜福點心。

香濃可口的義大利冰淇淋名聞全球，由於純素食材不使用奶製品，
此處以豆香代替奶香，使用健康爽口的豆腐，加上酸甜的桑葚與香蕉。
以新鮮水果做成的冰淇淋，不但口感更豐富，吃起來也更健康天然。

Dessert - 03

豆腐桑葚冰淇淋

材料

嫩豆腐……500公克
桑葚……200公克
糖……200公克
香蕉……5根
原味豆漿……400公克

做法

1. 桑葚洗淨，備用。
2. 取一鍋，開小火，放入桑葚、糖，慢慢攪拌，煮約30分鐘，煮至糖溶化，即是桑葚果醬。
3. 將豆腐、桑葚果醬、香蕉、原味豆漿放入果汁機攪打成泥（可分次打）。
4. 將豆腐泥倒入容器中，放入冰箱冷凍。冰至有點硬度時，取出，用打蛋器略加攪拌，再放進冷凍庫，重複此動作三至四次後，待結成冰即完成。

小叮嚀

- 如果家中有冰淇淋機，便不需要自冰箱多次取出豆腐泥攪拌，可直接倒入機器中，一次完成。

這道點心可以說是最簡單的蘋果派做法，非常實用易學。
蘋果和焦糖一直是西方甜點最常出現的組合。
這道食譜所做的焦糖蘋果，可以加以活用，例如放在麵包上一起焙烤，
或是當作吐司、麵包內餡，吃法非常多變化。

Dessert • 04

蘋果酥粒

材料

蘋果……2顆
葡萄乾……10公克

調味料

糖粉……90公克
沙拉油……45公克
高筋麵粉……125公克
糖……100公克
香草豆莢……1公克

做法

1. 蘋果洗淨去皮、去核，切小丁，以冰水浸泡，備用。
2. 取一盆，將糖粉、沙拉油、高筋麵粉放入盆內攪拌，不用拌至均勻，要留有一點粗顆粒，放入冰箱冷凍，即是酥粒。
3. 把鍋燒熱，倒入少許純橄欖油，炒香蘋果丁，至蘋果丁表面呈金黃色後，加入糖、葡萄乾、香草豆莢，以及60公克水。
4. 將蘋果丁煮軟後，即可取出，倒入烤皿，撒上做好的酥粒，放入烤箱，用200度烘烤8分鐘，烤至表面上色即可。

小叮嚀

- 酥粒也可以用餅乾屑或糖粉代替。
- 這道點心冷食、熱食皆可，也可將冰淇淋加在蘋果酥粒上。

義大利盛產水果，當地喜歡以水果做點心。
這一道甜點是其中最基本的做法，
簡單的以檸檬汁、糖醃漬過水果，便能讓爽口的水果更美味。
也可以放點肉桂、丁香，增加它的風味。

Dessert・05

水果寶盒

材料

奇異果……2 顆
火龍果……100 公克
芭樂……100 公克
哈蜜瓜……100 公克
鳳梨……100 公克
檸檬……1 顆

調味料

糖……100 公克

做法

1 奇異果洗淨去皮，以挖球器挖果球；火龍果洗淨去皮，以挖球器挖果球；芭樂洗淨，以挖球器挖果球；哈蜜瓜洗淨，以挖球器挖果球；鳳梨洗淨去皮，切大丁；檸檬洗淨，用刨絲器取皮的絲，並擠汁，備用。
2 奇異果果球、火龍果果球、芭樂果球、哈蜜瓜果球、鳳梨丁以糖拌均，淋上檸檬汁，撒上檸檬皮絲，醃漬入味，放入冰箱冷藏，即是水果寶盒。
3 取出冰涼的水果寶盒，即可食用。

小叮嚀

● 很多人在切水果時，常未拭乾水果果皮，果皮上的水分不僅會讓水果本身的甜分流失，也可能讓醃漬水果的糖被稀釋了。因此，在切水果前，不妨讓水果先自然風乾表皮水分。

玉米粉（Polenta）是玉米曬乾磨碎後製成的粉，為義大利北部的主要食品。
將玉米粉加水或高湯而成的玉米糕，是義大利的家常餐點。
玉米糕除可當主食，也可以當點心，口味甜鹹皆可，變化度很大。

Dessert・06

蜂蜜玉米糕

材料

玉米粉……200 公克
原味豆漿……500 公克
檸檬……1 顆
錫箔紙……1 張

調味料

糖……50 公克
蜂蜜……100 公克
糖粉……30 公克
香草豆莢……1 公克

做法

1. 檸檬洗淨，用刨絲器取皮的絲；取一烤盤，在底部鋪上一層錫箔紙，備用。
2. 取一鍋，加入玉米粉、香草豆莢、原味豆漿、糖，以及 50 公克蜂蜜，煮至玉米糊沸騰後，將玉米糊倒入烤盤，鋪平，放冷，即是玉米糕。
3. 將玉米糕盛碗，在表面篩上糖粉與檸檬皮絲，淋上 50 公克蜂蜜，即可食用。

小叮嚀

- 玉米糕的口感軟硬度，可就個人喜好做調整。通常玉米糕的調配比例是玉米粉和水以 1：1 的比例計算，喜歡吃硬一點口感的人，可以放多一點的水，喜歡吃軟一點口感的人，則反之。在這道食譜中，採用的是讓口感軟一點的做法。

談到義大利招牌點心，大家首先想到的不是提拉米蘇，就是鮮奶酪，
腦海裡浮現的可能是華麗優雅的下午茶景觀。
其實義大利的點心大部分都很質樸，喜歡使用水果與核果，充滿傳統家鄉味氣息。
酸酸甜甜的焦糖蘋果，配上滑嫩的豆乳凍，讓人食指大動。

Dessert • 07

焦糖蘋果豆乳凍

材料

蘋果……2顆
原味豆漿……200公克

調味料

糖……140公克
香草豆莢……1公克
洋菜粉……5公克

做法

1 將蘋果洗淨去皮、去核，切片，以冰水浸泡，備用。
2 冷鍋開中火，加入100公克糖，將糖燒至褐黃上色，表面冒出約直徑2公分的泡泡狀，再加入60公克熱水，煮至成糖漿狀，放冷後，再加入香草豆莢、蘋果片，煮至水分收乾，再放冷。
3 取一鍋，加入原味豆漿、洋菜粉，以及40公克糖，煮至糖溶化，再放入布丁模中，放冷。
4 取一個盤子，將焦糖蘋果片鋪於盤底，扣上凝固的布丁，即可食用。

小叮嚀

- 通常在製作焦糖時，如果沒有馬上把焦糖取出的話，不但鍋子會不方便清洗，煮糖的用具也是一樣。這時可以把用具放入製作焦糖的鍋內，一起用爐火加熱，煮至糖溶化後，便很容易洗淨。

義大利人的傳統糕點質樸不花俏，食材種類單純，
並且常具有易保存的耐放特點。
但義大利點心通常都採用烘烤或油炸方式，
本次設計的點心希望健康爽口不油膩，因此保留了質樸的特色，
使用最簡單的食材，完成大家最愛吃的點心。

Dessert・08

豆漿布丁

材料

原味豆漿……300克
中筋麵粉……10公克
草莓……1粒

調味料

香草豆莢……1公克
洋菜條……4公克
糖……130公克

做法

1 草莓洗淨，切片，備用。
2 冷鍋開中火，加入100公克糖，將糖燒至褐黃上色，表面冒出約直徑2公分的泡泡狀，再加入60公克熱水、香草豆莢，煮至成糖漿狀，放冷後，即是香草糖漿。
3 取一鍋，加入原味豆漿、中筋麵粉，以及30公克糖，開小火，邊煮邊攪拌至約70度，再加入洋菜條，小心攪拌至洋菜條融化，過篩後，倒入模具，放入冰箱冷藏。
4 取出冰涼的豆漿布丁，淋上香草糖漿，以草莓片做裝飾，即可食用。

小叮嚀

- 如果家中有做點心用的噴火槍，可以不做香草糖漿，直接將適量的砂糖撒在冰涼的豆漿布丁上，再用噴火槍將表面燒成糖片即可。

義大利的飲食內容，與臺灣有很多相通處，
例如都喜歡米食、麵食，所以大家對義大利美食的接受度很高。
這道米糕點心採用的是一些風乾的水果，具有老祖母的懷舊風味。
如果可以自己動手製作義式水果乾的話，效果一定更好。

Dessert・09

老祖母風乾水果米糕

材料

圓糯米……200 公克
鳳梨片……10 公克
蔓越莓乾……30 公克

調味料

果糖糖漿……50 公克
糖……30 公克

做法

1 糯米用水浸泡一天，備用。
2 鳳梨片切小丁。
3 取一鍋，將糯米放入鍋中，以大火蒸 30 分鐘。
4 糯米蒸熟後，趁熱加入鳳梨丁、蔓越莓乾、果糖糖漿、糖拌勻，放入模具內壓緊，再蒸 5 至 10 分鐘即可。
5 米糕冷卻後，在表面上以少許蔓越莓乾做裝飾，即可食用。

小叮嚀

- 蔓越莓乾可以換成義式蜜漬蜜餞，義式蜜漬蜜餞為西式點心常用的材料，可以自製。方法為將新鮮水果與白砂糖以 1：1 的同等比例，以小火煮透，即可盛盤風乾。風乾的方法有兩種，一種是放入烤箱烘乾，所需時間較快；另一種是置於太陽下曝曬，所需時間較長。

柔軟如雲的棉花糖，吃起來總讓人感到滿滿的幸福感。
家庭聚會時，如果能全家一起動手做棉花糖，大人、小孩都會很開心。
棉花糖除了傳統的白砂糖原味外，其實也可以發揮個人的創意，做出不同的獨家口味。
在甜味之外，也可以享受檸檬的微酸與紅椒粉的辣味。

Dessert · 10

義式風味棉花糖

材料

糖……50 公克
竹串……10 支
新鮮薄荷……1 公克

調味料

肉桂粉……3 公克
檸檬皮……10 公克
巧克力片……3 公克
紅椒粉……2 公克

做法

1. 將肉桂粉、檸檬皮、巧克力片、紅椒粉，分別盛小碟；新鮮薄荷洗淨，備用。
2. 棉花糖機預熱，倒入糖；即可以竹串捲起一串串棉花糖。
3. 將準備好的 4 碟調味料，分別撒在做好的棉花糖上，做成不同口味的棉花糖，即可食用。紅椒粉口味，可加入薄荷，更別具風味。

小叮嚀

- 棉花糖機可至網路商店或烘焙材料行購買，一台迷你棉花糖機約一千元左右。
- 辣椒粉要帶有辣味才夠味，有的紅椒粉無辣味，要選用有辣味的法式紅椒粉（Epaulette）或是細粉辣椒粉（Cayenne Powder）。
- 調味料可發揮創意做更換，例如可改用義式香料。

Blvd de Grenelle

禪味
廚房 7

義式健康蔬食

Italian Vegan Cuisine

國家圖書館出版品預行編目資料

義式健康蔬食／柯俊年, 林志豪作. －－初版. －－臺北市：法鼓文化，2012.04
面； 公分
ISBN 978-957-598-584-4（平裝）

1.素食食譜

427.31 101004071

特此感謝奧利塔橄欖油與百味來義大利麵提供拍攝協助。

作者／柯俊年、林志豪
協助製作／蔡斌翰
攝影／周禎和
出版／法鼓文化
總監／釋果賢
總編輯／陳重光
編輯／張晴、李金瑛
美術編輯／化外設計
地址／臺北市北投區公館路 186 號 5 樓
電話／（02）2893-4646
傳真／（02）2896-0731
網址／http://www.ddc.com.tw
E-mail／market@ddc.com.tw
讀者服務專線／（02）2896-1600
初版一刷／2012 年 4 月
初版三刷／2021 年 8 月
建議售價／新臺幣 300 元
郵撥帳號／50013371
戶名／財團法人法鼓山文教基金會 — 法鼓文化
北美經銷處／紐約東初禪寺
Chan Meditation Center（New York, USA）
Tel／（718）592-6593
E-mail／chancenter@gmail.com